AF152117

Mathefreunde 3

Herausgegeben von
Edmund Wallis, Leipzig

Erarbeitet von
Kathrin Fiedler, Görlitz
Ursula Kluge, Kühnitzsch
Isabel Miedtke, Zwickau
Jana Scherbaum, Halberstadt
Birgit Schlabitz, Berlin
Edmund Wallis, Leipzig

VOLK UND WISSEN

Inhaltsverzeichnis

Die Aufgaben sind so nummeriert: | 1 |

Hier ist es etwas schwieriger: | 1 |

So erkennst du eine knifflige
Aufgabe: | 1 |

So erkennst du Aufgaben,
die jeder lösen kann: | 1 |

Auf den blauen Zetteln
findest du die Lösungen:

Merkkasten   **MERKE DIR**

Wiederholungskasten   **WIEDERHOLE**

Lerne mit deinem Lernpartner

Addieren und Subtrahieren

1 Welche Zahlen kannst du für die Buchstaben einsetzen? Schreibe sie auf.

2 Zahlen in der Hundertertafel gesucht
Schreibe alle Zahlen auf:
a) die rechts von der 39 stehen
b) die links von der 65 stehen
c) die zwischen den Zahlen 94 und 100 stehen
d) die über der 53 stehen
e) die unter der 77 stehen
f) die in der 7. Zeile stehen
g) die in der 8. Spalte stehen

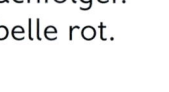
Finde die Zahlen.

1	2	3	4	5	6	7	8	9	10
11				a					
21	b						c		
d						e			
f									
51	g				h				
61								i	
71									j
81				k					
91						l			m

3 Schreibe die fehlenden Zahlen geordnet auf. Beginne mit der kleinsten Zahl.

a) [37]   b) [58]   c) [62]   d) [80]   e) [79]

4

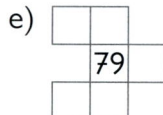

A B C D E F G H

50 60 70 80 90 100

a) Welche Zahlen kannst du für die Buchstaben einsetzen? Trage sie in die Tabelle ein.
b) Ergänze in der Tabelle die Vorgänger und Nachfolger.
c) Unterstreiche alle geraden Zahlen in der Tabelle rot.

Fertige diese Tabelle an.

V	Z	N

5 a) Schreibe die vollständige Zahlenfolge auf.
Erkläre deinem Lernpartner die Regel für diese Zahlenfolgen.

24, 26, 28, …, 46   12, 22, 32, …, 92   27, 36, 45, …, 90

90, 80, 70, …, 20   75, 70, 65, …, 30   97, 84, 71, …, 32

b) Denk dir eine Regel für eine Zahlenfolge aus. Bilde dazu eine Zahlenfolge.

6   3   6   9   12   15   18   21   24   27

Tipp:
Es gibt mehrere Möglichkeiten.

a) Addiere zwei Zahlen. Die Summe soll 24 sein.
b) Addiere drei Zahlen. Die Summe soll 30 sein.
c) Subtrahiere zwei Zahlen. Die Differenz soll 6 sein.

1 und 2: Zahlen finden   3: Zahlen finden und nach Vorschrift ordnen   4: Z, V und N bestimmen; gerade Zahlen kennzeichnen   5: Regel erkennen; Zahlen ergänzen   6: Summen und Differenzen bilden   **AH** 1–2 | **TÜ** 1–2

1 Welche Lösungen sind richtig?
Die Buchstaben zu den richtigen Lösungen ergeben den Namen eines Vogels.

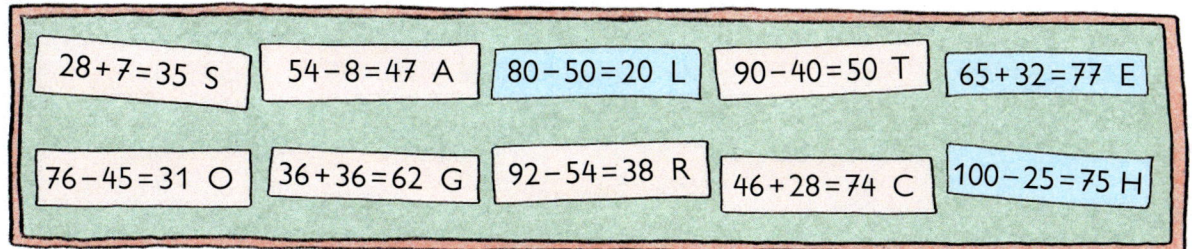

28 + 7 = 35 S   54 − 8 = 47 A   80 − 50 = 20 L   90 − 40 = 50 T   65 + 32 = 77 E

76 − 45 = 31 O   36 + 36 = 62 G   92 − 54 = 38 R   46 + 28 = 74 C   100 − 25 = 75 H

2 Lisa und Tom haben Zahlenkärtchen gebastelt. Berechne Summen und Differenzen.
Bilde dazu Aufgaben aus je einem roten und einem gelben Kärtchen.

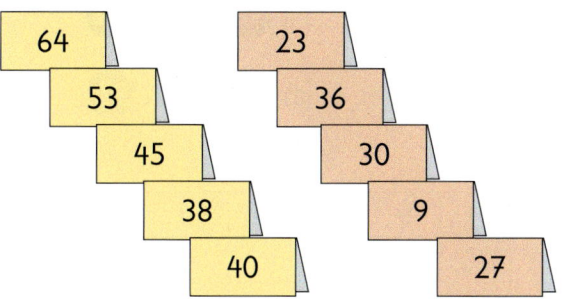

64
53
45
38
40

23
36
30
9
27

Tipp:
Du kannst jedes Kärtchen mehrmals verwenden.

3 Berechne Summen und Differenzen. Finde die Lösungswörter.

a) 9 + 6	b) 15 − 9	c) 36 + 6	d) 55 − 6	e) 53 + 27	f) 93 − 13
5 + 9	13 − 5	29 + 8	62 − 7	43 + 34	67 − 31
3 + 8	14 − 8	54 + 9	72 − 9	67 + 30	64 − 50
6 + 6	18 − 6	75 + 9	91 − 7	52 + 14	79 − 35

6	8	11	12	14	15
L	I	S	A	O	R

37	42	49	9	55	63	84
L	B	G	B	R	A	U

14	36	44	66	77	80	97
Ü	R	N	B	E	G	L

4 Setze das richtige Zeichen: < = >.

a) 65 + 14 ⬤ 89	b) 45 + 36 ⬤ 81	c) 84 − 23 ⬤ 71	d) 75 − 36 ⬤ 38
53 + 27 ⬤ 70	38 + 44 ⬤ 83	98 − 42 ⬤ 58	84 − 17 ⬤ 68
37 + 35 ⬤ 71	36 + 56 ⬤ 92	76 − 35 ⬤ 39	92 − 25 ⬤ 67

5 Zahlen gesucht

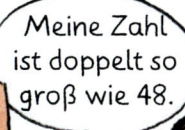

Meine Zahl ist um 36 kleiner als 84.

Meine Zahl ist doppelt so groß wie 48.

Meine Zahl ist die Hälfte von 54.

Meine Zahl ist um 16 größer als das Doppelte von 24.

1: Richtige Lösungen und Lösungswort finden   2: Additions- und Subtraktionsaufgaben finden und lösen   3: Addieren und Subtrahieren   4: Relationszeichen setzen   5: Zahlen finden

AH 1–2 | TÜ 1–2 5

1 Addiere.
Kontrolliere mit der Tauschaufgabe.

34 + 22 = 56	a) 72 + 25	b) 28 + 45
22 + 34 = 56	36 + 49	67 + 28
	58 + 28	46 + 48
	27 + 65	18 + 55
	48 + 33	26 + 54

2 Subtrahiere.
Kontrolliere mit der Umkehraufgabe.

45 − 19 = 26	a) 74 − 32	b) 64 − 36
26 + 19 = 45	59 − 47	44 − 18
	68 − 38	57 − 32
	99 − 66	73 − 54
	83 − 41	66 − 48

3 Bilde Aufgabenfamilien.

 **24** **6** **18**

18 + 6 = 24   24 − 6 = 18
6 + 18 = 24   24 − 18 = 6

a) **23** **57** **34**   b) **48** **77** **29**

c) **28** **93** **?**   d) **56** **?** **24**

4 a)

+	9	30	42	52	48
40					
36					

b)

−	8	22	53	44	39
70					
83					

5 Rechne. Was fällt dir auf?

a) 15 + 15	b) 5 + 6	c) 25 − 18	d) 93 − 34
15 + 16	15 + 16	34 − 18	83 − 35
15 + 17	25 + 26	43 − 18	73 − 36
15 + 18	35 + 36	52 − 18	63 − 37
15 + 19	45 + 46	61 − 18	53 − 38

7	11	15	16
25	26	30	31
31	32	33	34
34	37	43	48
51	59	71	91

6 Nutze Rechenvorteile.

a) 38 + 26 + 2	b) 97 − 23 − 27	c) 38 + 54 − 18	d) 84 − 38 − 14
25 + 45 + 16	86 − 34 − 16	76 + 25 − 25	25 − 18 + 35
36 + 24 + 20	78 − 19 − 38	64 + 9 − 34	90 − 49 + 21
24 + 31 + 19	64 − 16 − 24	57 + 36 − 17	88 + 12 − 38
43 + 17 + 25	78 − 28 − 37	81 + 19 − 53	63 − 28 + 37

13	21	24	32	36
39	42	47	47	62
62	66	72	74	74
76	76	80	85	86

7 Mit der Parkeisenbahn fahren 64 Kinder.
Beim ersten Halt steigen 25 Kinder
aus und 14 Kinder steigen ein.
Mit wie vielen Kindern fährt die
Parkeisenbahn weiter?

6

1 und 2: Addieren und Subtrahieren; Kontrolle mit der Tauschaufgabe/Umkehraufgabe
3: Aufgabenfamilien bilden   4: Addieren und Subtrahieren in Tabellen   5 und 6: Rechenvorteile
erkennen und nutzen   7: Inhalt erfassen; Aufgabe bilden, lösen und antworten

AH 1–2 | TÜ 1–2

1 a) 43 + ☐ = 100　　b) 100 − ☐ = 35　　**2** a) ☐ − 52 = 40　　b) 56 = 84 − ☐
　　 62 + ☐ = 100　　　 100 − ☐ = 18　　　　 ☐ − 48 = 23　　　 42 = 61 − ☐
　　 ☐ + 19 = 100　　　 ☐ − 37 = 63　　　　 73 − ☐ = 9　　　 74 = 27 + ☐
　　 ☐ + 24 = 100　　　 ☐ − 74 = 26　　　　 94 − ☐ = 55　　　 64 = 36 + ☐

3 Löse die Kettenaufgaben.

a)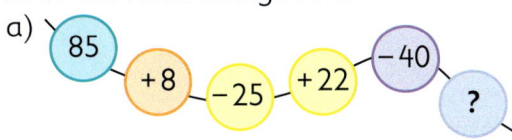

b)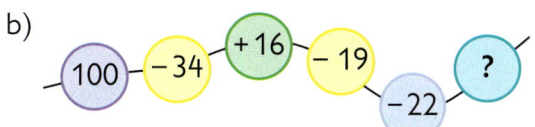

c)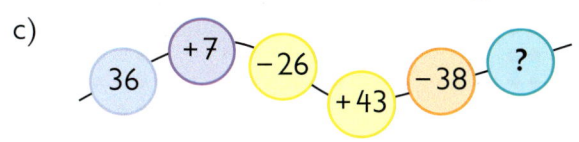

d)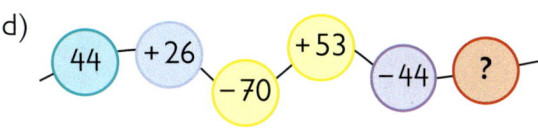

4 Bilde mit den Zahlen Aufgaben und löse sie.

a) Die Summe aus zwei Zahlen　　　　b) Die Differenz aus zwei Zahlen
　 soll 92 sein.　　　　　　　　　　　　 soll 34 sein.

81		53	45	18		68		43	48	25
74		36	11	56
47		36	11	56
39

a) 81　74　53　45　18　　　47　39　36　11　56

b) 68　70　43　48　25　　　59　9　82　34　36

5 a) Finde das Besondere an den Aufgabenfolgen.
　　 Sprich mit deinem Lernpartner darüber.
　　b) Vervollständige die Aufgabenfolgen und löse sie.

17 + 24　　35 + 35　　97 − 12　　60 − 23　　82 − 39
27 + 25　　36 + 36　　96 − 22　　62 − 25　　72 − 37
37 + 26　　37 + 37　　95 − 32　　64 − 27　　62 − 35
47 + ☐　　38 + ☐　　94 − ☐　　66 − ☐　　52 − ☐
57 + ☐　　☐ + ☐　　☐ − ☐　　☐ − ☐　　☐ − ☐

6 Wahr oder falsch?

○ Die Summe aus 56 und 17 ist größer als die Differenz aus 95 und 22.

○ Das Doppelte der Summe aus 9 und 26 ist gleich der Hälfte von 70.

○ Die Hälfte der Differenz aus 96 und 44 ist kleiner als 44.

1 bis 3: Addieren und Subtrahieren　　4: Summen bzw. Differenzen zum gegebenen Ergebnis bilden
5: Merkmale der Aufgabenfolgen erfassen; Folgen vervollständigen; Aufgaben lösen
6: Entscheidungen begründen

AH 1–2 | TÜ 1–2　7

Multiplizieren und Dividieren

1 Finde zu jedem Bild die passende Multiplikationsaufgabe und löse sie.
Überprüfe das Ergebnis mit der Umkehraufgabe.

a)

b)

2 Schreibe zu jedem Punktebild zwei Multiplikationsaufgaben
und zwei Divisionsaufgaben auf. Löse die Aufgaben.

a)

$5 \cdot 6 =$ ☐
$6 \cdot 5 =$ ☐
☐ $: 6 =$ ☐
☐ $: 5 =$ ☐

b)

c)

d)

> **MERKE DIR**
> Faktoren darfst du vertauschen.
> Das Produkt ändert sich nicht.

Wie heißen die Lösungswörter?

3
a) $8 \cdot 4$	b) $6 \cdot 9$	c) $7 \cdot 0$
$5 \cdot 3$	$5 \cdot 8$	$1 \cdot 8$
$9 \cdot 2$	$3 \cdot 7$	$10 \cdot 6$
$6 \cdot 5$	$4 \cdot 6$	$9 \cdot 9$

4
a) $25 : 5$	b) $32 : 1$	c) $64 : 8$
$49 : 7$	$16 : 8$	$0 : 7$
$42 : 6$	$72 : 9$	$48 : 6$
$24 : 3$	$36 : 4$	$40 : 4$

0	8	15	18	21	24	30	32	40	54	60	81
P	L	A	H	E	R	L	Z	I	V	U	S

0	2	5	7	8	9	10	32
S	I	A	F	E	R	L	T

5 Zahlen gesucht

Meine Zahl ist das Produkt aus den Faktoren 7 und 8.

Meine Zahl ist das Siebenfache von 5.

Wenn du meine Zahl mit 4 multiplizierst, erhältst du 32.

6 In einem Aufzug dürfen 4 Personen mitfahren.
a) Vor dem Aufzug steht eine Reisegruppe mit 16 Personen.
   Wie oft muss der Aufzug fahren?
b) Zu einer anderen Reisegruppe gehören doppelt so viele Personen.
   Wie oft muss der Aufzug für diese Reisegruppe fahren?

8

1: Multiplikationsaufgaben finden und lösen   2: Punktebildern Aufgaben zuordnen und diese lösen
3 und 4: Produkte/Quotienten berechnen; Lösungswörter finden   5: Zahlen finden   6: Inhalt erfassen;
Aufgaben finden, lösen und antworten

AH 3–4 | TÜ 3–5

1 Bilde Aufgabenfamilien.

a) **5** **3** **15**

b) **6** **24** **4**

c) **42** **7** **?**

d) **2** **?** **18**

2 Berechne die Produkte und setze die Reihen fort.

a) 5 · 5
6 · 5
7 · 5
8 · 5
9 · 5

b) 4 · 8
5 · 8
6 · ▢
▢ · ▢
▢ · ▢

c) 10 · 6
9 · 6
8 · ▢
▢ · ▢
▢ · ▢

d) 1 · 7
3 · 7
5 · ▢
▢ · ▢
▢ · ▢

e) 10 · 9
8 · 9
6 · ▢
▢ · ▢
▢ · ▢

3 a) 7 · ▢ = 14
7 · ▢ = 28
7 · ▢ = 63
7 · ▢ = 21
7 · ▢ = 49

b) 5 · ▢ = 45
5 · ▢ = 20
▢ · 6 = 30
▢ · 3 = 15
5 · ▢ = 25

c) 21 : ▢ = 3
35 : ▢ = 5
64 : ▢ = 8
32 : ▢ = 4
54 : ▢ = 6

d) ▢ : 6 = 5
▢ : 9 = 7
▢ : 4 = 9
▢ : 8 = 6
▢ : 7 = 3

4 Aufgaben zu Tieren

a) Der Bauer hat 6 Pferde. Alle sollen neue Hufeisen bekommen.
Wie viele Hufeisen werden benötigt?

b) Wie viele Beine haben 5 Schweine und 8 Hühner zusammen?

c) Wie viele Tiere könnten es sein, wenn in einer Gruppe
aus Schafen und Enten insgesamt 18 Beine gezählt werden?

d) Max sagt: „Mein Hund hat acht Beine: vorne zwei Beine,
hinten zwei Beine, auf der rechten Seite zwei Beine
und auf der linken Seite zwei Beine."
Kann das stimmen? Erkläre, wie Max zählt.

5 Welche Zahl erhältst du?

a) Dividiere 49 durch 7.
Multipliziere das Ergebnis mit 6.

b) Dividiere 54 durch 9.
Verdopple das Ergebnis.

c) Multipliziere 5 mit 10.
Halbiere das Ergebnis.

d) Multipliziere 6 mit 8.
Dividiere das Ergebnis durch 3.

1 a) $18 = 6 \cdot \square$ b) $24 = \square \cdot 8$ | 3 | 3 |
 $36 = 4 \cdot \square$ $27 = \square \cdot 9$ | 3 | 6 |
 $40 = 5 \cdot \square$ $63 = \square \cdot 7$ | 7 | 8 |
 $16 = 2 \cdot \square$ $56 = \square \cdot 8$ | 8 | 9 |
 $42 = 7 \cdot \square$ $54 = \square \cdot 6$ | 9 | 9 |

2 $49 = \square \cdot \square$
 $25 = \square \cdot \square$
 $81 = \square \cdot \square$
 $16 = \square \cdot \square$
 $36 = \square \cdot \square$

3 $6 = 60 : \square$ | 7 |
 $9 = 72 : \square$ | 8 |
 $2 = 14 : \square$ | 10 |
 $5 = \square : 5$ | 25 |
 $7 = \square : 7$ | 49 |

4 Finde Multiplikationsaufgaben zu diesen Ergebnissen.

Tipp:
Zu einigen Ergebnissen kannst du mehrere Aufgaben finden.

5 Wie viele Würfel wurden bei jedem Bauwerk verbaut? Finde eine passende Aufgabe und löse sie.

a) 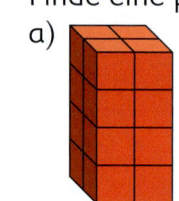   b)    c)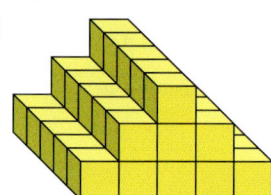

Tipp:
Du kannst eine Multiplikationsaufgabe oder eine Additionsaufgabe finden.

6 Ist das Ergebnis eine gerade oder eine ungerade Zahl?

a) Multipliziere 9 mit 7. Subtrahiere davon 14.

b) Dividiere 27 durch 3. Multipliziere dann mit 9.

7 Wie heißt meine Zahl? Ist es eine gerade Zahl?

Wenn du meine Zahl durch 3 dividierst und das Ergebnis mit 5 multiplizierst, erhältst du 30.

8 Bens Vati war 4 Wochen zur Kur. Annas Mutti lag 26 Tage im Krankenhaus. Wer war länger von zu Hause weg? Begründe.

9 Lisa plant ihren Urlaub. Im Juli will sie 2 Wochen zu ihrer Oma in den Spreewald fahren, danach 1 Woche und 5 Tage zu ihrem Onkel nach Ahlbeck an die Ostsee. Wie viele Tage macht Anna Urlaub?

10

1 und 2: Fehlende Faktoren finden   3: Dividend/Divisor bestimmen   4: Aufgaben den Ergebnissen zuordnen   5: Anzahl der Würfel berechnen   6 und 7: Ergebniszahl als gerade/ungerade Zahl benennen   8 und 9: Inhalt erfassen; Aufgaben finden, lösen und antworten

AH 3–4 | TÜ 3–5

1 Übertrage die Tabellen in dein Heft.

a) Berechne die Produkte.

·	2	4	8	10
3				
6				

b) Berechne die Quotienten.

:	8	6	4	1
24				
48				

c) Vergleiche die Ergebnisse. Was stellst du fest?

2 Setze das richtige Zeichen: < = > .

a) 4 · 7 ◯ 28
   5 · 6 ◯ 32
   8 · 5 ◯ 39
   9 · 3 ◯ 28

b) 3 · 7 ◯ 9 · 2
   8 · 3 ◯ 5 · 5
   9 · 4 ◯ 4 · 9
   6 · 4 ◯ 3 · 8

c) 49 : 7 ◯ 8
   45 : 9 ◯ 4
   64 : 8 ◯ 9
   21 : 3 ◯ 7

d) 63 : 7 ◯ 32 : 4
   30 : 6 ◯ 20 : 4
   27 : 3 ◯ 18 : 2
   56 : 7 ◯ 72 : 8

3 Tom, Max, Anna und Lisa gehen ins Hallenbad.
Für die Eintrittskarten bezahlen sie insgesamt 24 Euro.
Wie viel kostet eine Karte?

HALLENBAD
Eintrittskarte
1 Kind

4 Eine Gruppe mit 24 Kindern geht in die Eisbar.
Es sind Tische mit 6 Plätzen und mit 4 Plätzen frei.

a) Wie viele Tische mit 6 Plätzen benötigen sie?

b) Wenn sie Tische mit 4 Plätzen nehmen, wie viele Tische
benötigen sie dann?

5 Die Sportlehrerin nutzt das Aktionsangebot
und kauft für die Schule 15 Bälle.
Wie viel Euro muss sie bezahlen?

AKTION!
1 Ball ⊛ 7 €
ab 6 Bällen
je Ball 5 €

6 Zahlen gesucht

Die Zahl ist durch 4 und 5 teilbar.

Die Summe zweier Zahlen ist 24. Die eine Zahl ist doppelt so groß wie die andere Zahl.

Das Produkt zweier Zahlen ist 72. Die eine Zahl ist die Hälfte von 16.

Dividieren mit Rest

Die Lehrerin verteilt 14 Bälle an 4 Kinder.
Wie viele Bälle erhält jedes Kind?
Wie viele Bälle bleiben übrig?

Max fertigt eine Zeichnung an:

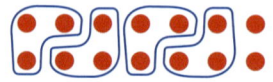

Er rechnet: 14 : 4 = 3 Rest 2
Er prüft: 14 = 4 · 3 + 2
                   14 =   12   + 2

---

1 Rechne und schreibe so: 38 : 5 = 7 Rest 3

a) 7 : 2	b) 17 : 2	c) 37 : 5	d) 44 : 5	e) 52 : 10	f) 13 : 10
3 : 2	11 : 2	49 : 5	7 : 5	88 : 10	99 : 10
9 : 2	19 : 2	18 : 5	28 : 5	44 : 10	66 : 10

1R1 1R2 1R3 3R1 3R3 4R1 4R4 5R1 5R2
5R3 6R6 7R2 8R1 8R4 8R8 9R1 9R4 9R9

---

2 Tom teilt 19 Äpfel auf 2 Tüten auf.
Wie viele Äpfel bleiben übrig?

3 Jedes Kind verteilt 19 Kugeln.
   a) Max verteilt an 2 Kinder.
   b) Anna verteilt an 10 Kinder.
   c) Ben verteilt an 5 Kinder.

   Bei wem bleiben die meisten
   Kugeln übrig?

---

4 Maria hat 53 Münzen zu je 1 Cent.
Sie tauscht sie gegen Münzen
zu je 10 Cent.
Wie viele Münzen zu 10 Cent und
zu 1 Cent hat sie nach dem Tausch?

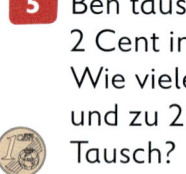

5 Ben tauscht 21 Münzen zu je
2 Cent in Münzen zu je 5 Cent.
Wie viele Münzen zu 5 Cent
und zu 2 Cent hat er nach dem
Tausch?

WIEDERHOLE

2 · 5	7 · 5	6 · 2	9 · 2	4 · 10	8 · 10	20 : 5	16 : 2	50 : 10
5 · 5	9 · 5	8 · 2	3 · 2	7 · 10	5 · 10	45 : 5	20 : 2	10 : 10

1 Dividiere. Schreibe und begründe so:

$38 : 5 = 7$ Rest 3, denn $7 \cdot 5 = 35$ und $35 + 3 = 38$

a) $22 : 4 =$ ▢ Rest ▢, denn ...
   $59 : 6 =$ ▢ Rest ▢, denn ...
   $55 : 7 =$ ▢ Rest ▢, denn ...
   $11 : 2 =$ ▢ Rest ▢, denn ...

b) $46 : 7 =$ ▢ Rest ▢, denn ...
   $19 : 3 =$ ▢ Rest ▢, denn ...
   $49 : 5 =$ ▢ Rest ▢, denn ...
   $88 : 9 =$ ▢ Rest ▢, denn ...

5 R 1	5 R 2
6 R 1	6 R 4
7 R 6	9 R 4
9 R 5	9 R 7

2 Dividiere und schreibe so: $23 : 4 = 5$ Rest 3

a) $36 : 6$
   $36 : 7$
   $36 : 8$
   $36 : 9$

b) $27 : 5$
   $28 : 5$
   $29 : 5$
   $30 : 5$

c) $13 : 4$
   $14 : 5$
   $15 : 6$
   $16 : 7$

d) $44 : 6$
   $56 : 7$
   $84 : 9$
   $26 : 3$

3 Finde vier Zahlen, die beim Dividieren durch 5 den Rest 2 haben. Schreibe die Gleichungen auf.

Schreibe so: $32 : 5 = 6$ Rest 2

4 Wahr oder falsch?

a) Beim Dividieren einer geraden Zahl durch 2 bleibt kein Rest.

b) Wenn eine Zahl durch 5 teilbar ist, dann ist sie auch durch 2 teilbar.

c) Es gibt Zahlen, die sind durch 3, 6 und 9 teilbar.

d) Wenn eine Zahl durch 5 und durch 2 teilbar ist, dann ist sie auch durch 10 teilbar.

5 Finde die fehlende Zahl.

a) ▢ $: \ 7 = 5$ Rest 6
   ▢ $: \ 8 = 7$ Rest 6
   ▢ $: 10 = 9$ Rest 9
   ▢ $: \ 5 = 5$ Rest 2

b) $57 :$ ▢ $= 8$ Rest 1
   $26 :$ ▢ $= 6$ Rest 2
   $18 :$ ▢ $= 3$ Rest 3
   $64 :$ ▢ $= 7$ Rest 1

c) $44 :$ ▢ $= 5$ Rest 4
   $61 :$ ▢ $= 7$ Rest 5
   ▢ $: \ 9 = 6$ Rest 5
   ▢ $: \ 5 = 8$ Rest 3

4	5	7	8	8	9
27	41	43	59		
62	99				

6 a) Dividiere 45 durch 5.
   Verdopple das Ergebnis
   und dividiere es dann durch 7.
   Welchen Rest erhältst du?

b) Multipliziere 6 mit 8.
   Halbiere das Ergebnis
   und dividiere es dann durch 5.
   Welchen Rest erhältst du?

c) Addiere 12 und 9.
   Verdreifache das Ergebnis und dividiere es durch 10.
   Welchen Rest erhältst du?

1: Dividieren; Lösung begründen   2: Dividieren   3: Zahlen finden; Gleichungen bilden und lösen
4: Wahrheitsgehalt prüfen; für falsche Aussage Beispiel bringen   5: Platzhalter bestimmen
6: Aufgaben finden und lösen

AH 4 | TÜ 6   13

Addieren, Subtrahieren, Multiplizieren und Dividieren

Übertrage die Tabellen in dein Heft. Rechne.

1 a)

+	18		36	45
13		81		
19				73

b)

−	19	25			
73			26	28	
48					37

2 a)

·	2	3		7	
4			40		
8					72
3					

b)

:	6		2	1
12		4		
24				6
36				

3 a) 28 + 26
53 + 19
26 + 37
22 + 15 + 8
16 + 17 + 3

Überprüfe!
Alle Ergebnisse
müssen durch 9
teilbar sein.

b) 95 − 23
82 − 64
94 − 67
82 − 44 − 2
100 − 59 − 5

4 Vervollständige die Zahlenfolgen.

a) 8, 16, 24, …, 80
b) 100, 95, 90, …, 0
c) 13, 26, 39, …, 91
d) 98, 84, 70, …, 14
e) 6, 13, 20, …, 62
f) 67, 59, 51, …, 3

5 Finde zu jedem Briefumschlag die passenden Aufgaben.

 74  89  93

a) 23 + 27 + 24
d) 12 + 75 + 2
b) 42 + 16 + 31
e) 35 + 46 + 12
c) 25 + 31 + 18
f) 33 + 25 + 35

6 Welche Lösungen sind falsch?
Die Buchstaben zu den falschen Lösungen
ergeben einen Mädchennamen.

Findest
du meinen
Namen?

| 2 · 9 = 18 | W | | 4 · 7 = 28 | O | | 7 · 6 = 41 | N | | 5 · 8 = 40 | B | | 8 · 7 = 64 | I |

| 36 : 6 = 7 | N | | 24 : 8 = 3 | T | | 20 : 4 = 5 | F | | 45 : 9 = 6 | A | | 63 : 7 = 9 | M |

1 und 2: Tabellen ergänzen   3: Addieren und Subtrahieren; Kontrolle durch Division mit 9
4: Fehlende Zahlen der Folgen finden   5: Aufgaben den Lösungen zuordnen
6: Falsche Lösungen und Namen finden

1 Löse die Kettenaufgaben.

a)
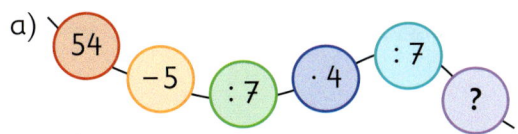

b)
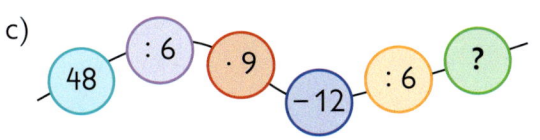

c) 48 · :6 · ·9 · −12 · :6 · ?

d) 72 · :9 · +24 · :4 · :2 · ?

2 Dividiere.
Kontrolliere mit der Umkehraufgabe.

14 : 7 = 2	a) 27 : 9	b) 72 : 8
2 · 7 = 14	35 : 5	42 : 6
	24 : 6	18 : 3
	16 : 2	32 : 4

3 Setze das richtige Zeichen: < = >.

a) 30 : 5 ⬤ 42 : 7   b) 18 : 6 ⬤ 25 : 5
49 : 7 ⬤ 16 : 2   24 : 4 ⬤ 42 : 6
81 : 9 ⬤ 64 : 8   27 : 3 ⬤ 18 : 2
32 : 8 ⬤ 25 : 5   50 : 5 ⬤ 70 : 7
18 : 9 ⬤ 21 : 7   36 : 4 ⬤ 36 : 6

4 a) Können 19 Kinder auf Ruderbooten für
4 Personen gleichmäßig verteilt werden?
Begründe deine Antwort.

b) Maria behauptet: Wenn für 26 Kinder
8 Paddelboote für je 3 Personen bereitstehen,
dann können 2 Kinder nicht mitfahren.
Stimmt das? Begründe.

5 Max war im Trainingslager. Er erzählt:

Im Lager gab es für die Jungen 9 Zelte mit je 7 Liegen.

Die Mädchen schliefen in 8 Zelten mit je 6 Liegen.

Am Schwimmwettkampf nahm die Hälfte der Mädchen teil.

Jedes Mädchen ist eine 25 m lange Strecke fünfmal geschwommen.

Die Jungen schwammen dreimal eine Strecke von 50 m.

Der Bademeister verteilte 32 Kinder auf 4 Schwimmbahnen.

Bilde Aufgaben zu der Erzählung von Max.
Löse sie.

> Ich war im Trainingslager.

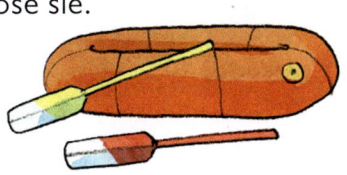

1: Kettenaufgaben lösen   2: Dividieren; mit der Umkehraufgabe kontrollieren
3: Dividieren; Relationszeichen setzen   4: Antwort begründen   5: Inhalt erfassen;
Fragen stellen; dazu Aufgaben bilden, lösen und antworten

AH 5 | **TÜ** 7 15

Sachaufgaben – Schrittfolge zum Lösen

So kannst du Sachaufgaben lösen:

zum Sportfest

Lies den Text genau durch.
Achte auf
- besondere Wörter,
- Zahlen- und Größenangaben.
Unterstreiche sie.

→ Am Sportfest nehmen 9 Mannschaften teil. Jede Mannschaft führt 7 Wettkämpfe durch.

Finde die Frage.
- Wonach wird gefragt?

oder
- Wonach kannst du fragen?

→ **Die Frage heißt:**
Wie viele Wettkämpfe werden insgesamt durchgeführt?

Schreibe alle für das Rechnen notwendigen Angaben heraus.

→ **Für das Rechnen notwendige Angaben:**
9 Mannschaften
7 Wettkämpfe

Schreibe eine Aufgabe auf und löse sie.
Skizzen und Tabellen können dir dabei helfen.

→ **Aufgabe:**
9 · 7 = 63

Antworte auf die Frage in einem Satz.
Überlege, ob die Antwort zur Frage passt.

→ **Antwort:**
Es werden insgesamt 63 Wettkämpfe durchgeführt.

1 Für das Tauziehen haben sich 24 Jungen gemeldet.
Es werden 3 Mannschaften gebildet.
Wie viele Jungen gehören zu einer Mannschaft?

2 Beim Sackhüpfen starten 8 Mannschaften mit jeweils 7 Kindern.
Am Ballweitwurf beteiligen sich 23 Kinder.
Wie viele Kinder nehmen am Sackhüpfen teil?

3 Max hat beim Pfeilwerfen insgesamt 9 Punkte erreicht.
Lisa hat dreimal so viele Punkte erzielt.
Wie viele Punkte hat Lisa erzielt?

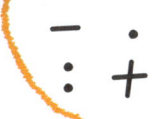

1 Beim Ballzielwerfen erreichte Tom nacheinander 9 Punkte, 12 Punkte und 15 Punkte.
Ben hat 11 Punkte mehr als Tom bekommen.
Wie viele Punkte haben sie zusammen erreicht?

2 Die Klasse 3a hat 8 Medaillen gewonnen. Die Klasse 3b erhielt
doppelt so viele Medaillen wie die Klasse 3a.
Die Klasse 3c bekam nur halb so viele Medaillen wie die Klasse 3a.
Wie viele Medaillen haben die Klassen 3b und 3c gewonnen?

3 Der Sportlehrer stellt Mannschaften für den Staffellauf zusammen.
Wenn er Mannschaften mit je 5 Kindern bildet, dann können
4 Kinder nicht am Lauf teilnehmen. Bildet er aber Mannschaften
mit je 6 Kindern, dann können alle Kinder mitlaufen.
Wie viele Kinder haben sich für den Staffellauf angemeldet?

Wonach kannst du fragen?

Finde Fragen und beantworte sie.

4 Für den Weitsprung haben sich 18 Mädchen und 26 Jungen angemeldet.

5 Max wirft den Schlagball 28 m weit.
Ben erreicht nur 23 m und Tim wirft 31 m weit.

6 Für den 60-m-Lauf haben sich 28 Kinder angemeldet.
Bei jedem Start können immer nur 4 Kinder laufen.

7

Beim Weitsprung erhält jedes Kind
Punkte für einen Sprung.
Die Mädchen erreichten
zweimal 5 Punkte, achtmal 4 und
dreimal 2 Punkte.

Die Hunderterzahlen

1 a) Wie viele Läufer sind auf dem
 Bild zu sehen?
 Schätze. Sind es: 100 Läufer,
 200 Läufer oder mehr als
 500 Läufer?

 b) Versuche die Läufer zu zählen.
 Was stellst du fest?

2 Hunderterzahlen aus deiner Umwelt

Wo hast du Hunderterzahlen gesehen?

3 Nenne zu jedem Bild die Hunderterzahl.

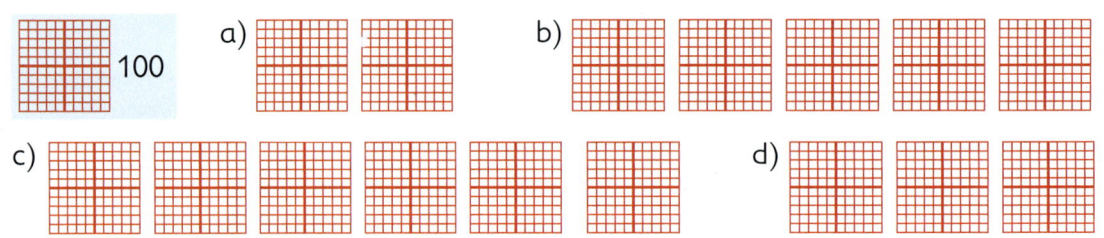

4 Zeige deinem Lernpartner eine Zahlenkarte. Er zeigt dir die Karte
mit dem passenden Zahlwort.

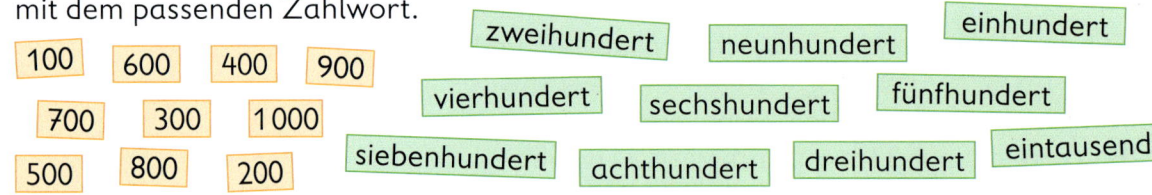

100   600   400   900

700   300   1 000

500   800   200

zweihundert   neunhundert   einhundert

vierhundert   sechshundert   fünfhundert

siebenhundert   achthundert   dreihundert   eintausend

5 Zeige deinem Lernpartner am Zahlenstrahl die Zahlen: 300, 500, 700 und 800.

0   100   1 000

6 Vergleiche die Zahlen und setze das richtige Zeichen: < oder > .

400 ⬤ 600   700 ⬤ 900   800 ⬤ 500   400 ⬤ 300   100 ⬤ 1 000

1: Über Schätzungen sprechen   2: Beispiele für Hunderterzahlen sammeln
3: Hunderterzahlen zuordnen   4: Zahlwort der Zahl zuordnen
18   5 und 6: Zahlen am Zahlenstrahl zeigen; Zahlen vergleichen   AH 7 | TÜ 9

Die Zehnerzahlen

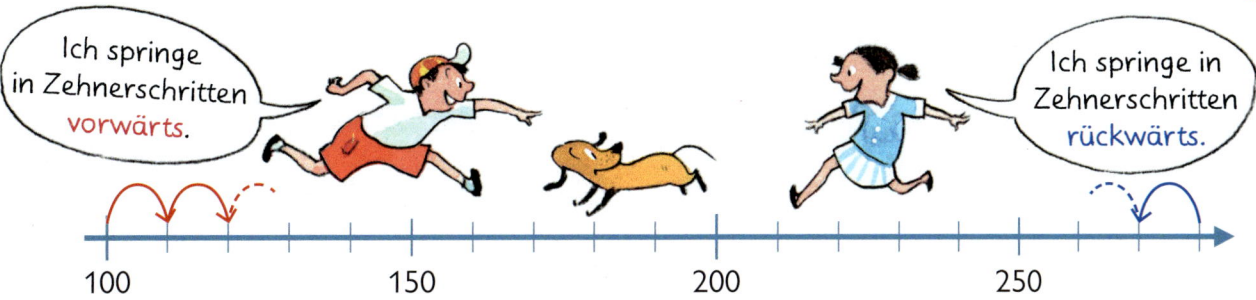

1 Zähle in Zehnerschritten.
   a) von 110 bis 200
   b) von 330 bis 400
   c) von 470 bis 550
   d) von 400 bis 340
   e) von 750 bis 650
   f) von 1000 bis 880

2 Schreibe zu jeder Zahl das Zahlwort auf.

   250: zweihunderfünfzig   410, 520, 740, 760, 880, 930, 690

3 Vervollständige die Zahlenfolgen.

rückwärts | in Hunderterschritten | vorwärts

   a) 880, 780, 680, …, 180
   b) 460, 360, …, 60
   c) 790, 690, …, 190

   d) 240, 340, 440, …, 940
   e) 70, 170, …, 870
   f) 510, 610, …, 910

4 a) Schreibe auf, wie viele Zehnerstangen du benötigst.

Hunderterplatten	Zehnerstangen
1	
3	
5	
8	

b) Wie viele Hunderterplatten kannst du legen?

Zehnerstangen	Hunderterplatten
40	
60	
90	
100	

5 Welche Zehnerzahlen liegen zwischen:

   a) 240 und 290,
      710 und 800,
      150 und 190,
      630 und 680,

   b) 450 und 500,
      300 und 360,
      960 und 990,
      520 und 600?

6 Welche Hunderterzahlen liegen zwischen:

   a) 100 und 400,
      300 und 700,
      200 und 500,
      400 und 600,

   b) 600 und 1000,
      400 und 900,
      300 und 600,
      800 und 1000?

1: In Zehnerschritten vorwärts und rückwärts zählen   2: Zahlwörter aufschreiben
3: Zahlenfolgen vervollständigen   4: Anzahl der Zehnerstangen/Hunderterplatten bestimmen
5 und 6: Zehner- bzw. Hunderterzahlen zwischen den gegebenen Zahlen finden

AH 8 | TÜ 10   19

Alle Zahlen bis 1000

Einerwürfel und Zehnerstange:

1 Einerwürfel	10 Einerwürfel	= 1 Zehnerstange
1 Einer	10 Einer	= 1 Zehner
1 E	**10 E**	**= 1 Z**

Zehnerstangen und Hunderterplatte:

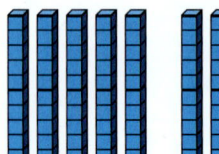 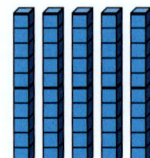

10 Zehnerstangen	= 1 Hunderterplatte
10 Zehner	= 1 Hunderter
10 Z	**= 1 H**

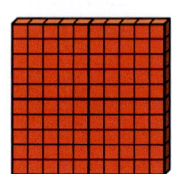

Hunderterplatten und Tausenderwürfel:

10 Hunderterplatten	= 1 Tausenderwürfel
10 Hunderter	= 1 Tausender
10 H	**= 1 T**

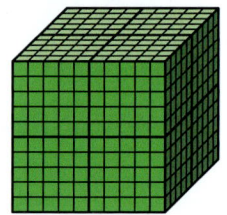

1 Lege nach. Schreibe die Zahl dazu.
Trage die Zahl in eine Stellenwerttafel ein.
Schreibe das Zahlwort auf.

a)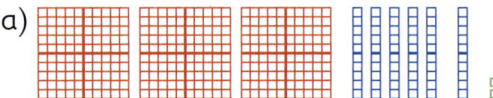

b)

c)

d)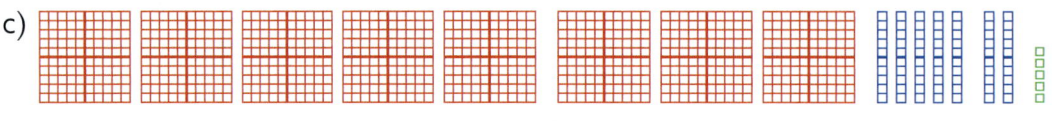

e)

2 Lege mit Hunderterplatten, Zehnerstangen und Einerwürfeln.

a) 3 H 2 Z 5 E	b) 4 H 1 Z 3 E	c) 5 H 8 Z 6 E	d) 645	e) 408
7 H 4 Z 1 E	1 H 9 Z 6 E	2 H 4 Z 0 E	712	830

f) Schreibe zu jeder Zahl das Zahlwort auf.

20

1: Nachlegen mit Hunderterplatten, Zehnerstangen und Einerwürfeln; Zahl und Zahlwort zuordnen;
Zahl in die Stellenwerttafel eintragen   2: Zahlen darstellen; Zahlwort aufschreiben

AH 9 | **TÜ** 11

1 Zerlege die Zahlen in Hunderter (H), Zehner (Z) und Einer (E).

Schreibe so:

$468 = 4\,H + 6\,Z + 8\,E$

a) 627	b) 391	c) 930	d) 750	e) 306
845	486	709	555	603
616	190	620	299	630

2 a) Welche Zahlen gehören zu den gekennzeichneten Stellen?
Trage sie im Heft in die Tabelle ein. Schreibe zu jeder Zahl
den Vorgänger und den Nachfolger dazu.

V	**Zahl**	N
	264	

b) Zwischen welchen Hunderterzahlen stehen die gefundenen Zahlen?

Schreibe so: 200 264 300

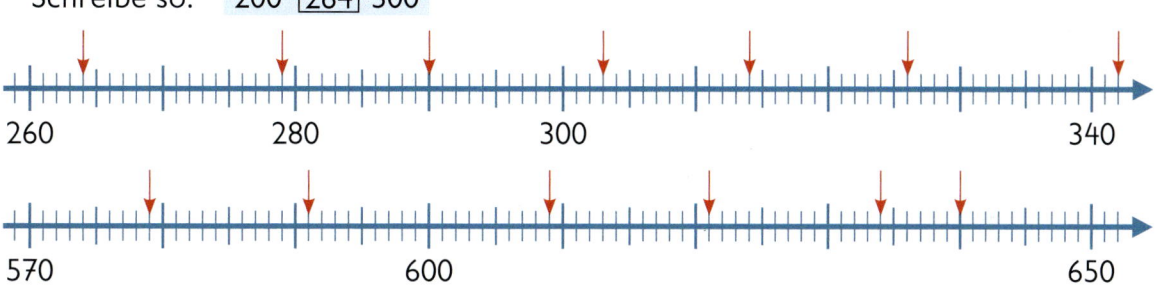

3 Lege mit den drei Ziffernkärtchen alle möglichen dreistelligen Zahlen.
Schreibe sie auf und schreibe das Zahlwort dazu.

4 6 9

 4 Lies die Zahlwörter deinem Lernpartner vor.
Schreibe zu jedem Zahlwort die Zahl auf.
*siebenundneunzig, zweihundertsiebenundneunzig, vierhundertdrei, vierhundertvier,
sechshundertsiebenundvierzig, neunhundertvierundneunzig, dreihundertzwölf, achtzehn,
siebenhundertsiebenundneunzig, fünfhundertsechzig, achthundert, neunhundert,
sechshunderteins, einhundertzwanzig, einhundertzweiunddreißig, eintausend*

5 Zahlen gesucht

> Die Zahl liegt genau
> in der Mitte zwischen
> 800 und 900.

> Die Zahl liegt
> zwischen 610 und 628.
> Der Einer ist die 9.

> Die Zahl liegt zwischen
> 490 und 510. Der Zehner
> und der Einer sind gleich.

WIEDERHOLE

1. Zerlege die Zahlen in Hunderter, Zehner und Einer: 49, 60, 77, 125, 105.
2. Schreibe den Vorgänger und Nachfolger zu den Zahlen auf: 25, 49, 60, 88, 37.
3. Welche Zahlen liegen zwischen 19 und 24, 40 und 51, 76 und 82?

1: Zahlen zerlegen   2: Zahlen bestimmen; Vorgänger, Nachfolger ermitteln und in die Tabelle
eintragen   3: Alle möglichen dreistelligen Zahlen finden und aufschreiben   4: Zahlwörter lesen,
Zahlen zuordnen   5: Zahlen finden   **AH** 9 | **TÜ** 11 21

Vergleichen und Ordnen der Zahlen bis 1000

So kannst du Zahlen vergleichen.

1 Erst die Hunderter vergleichen:

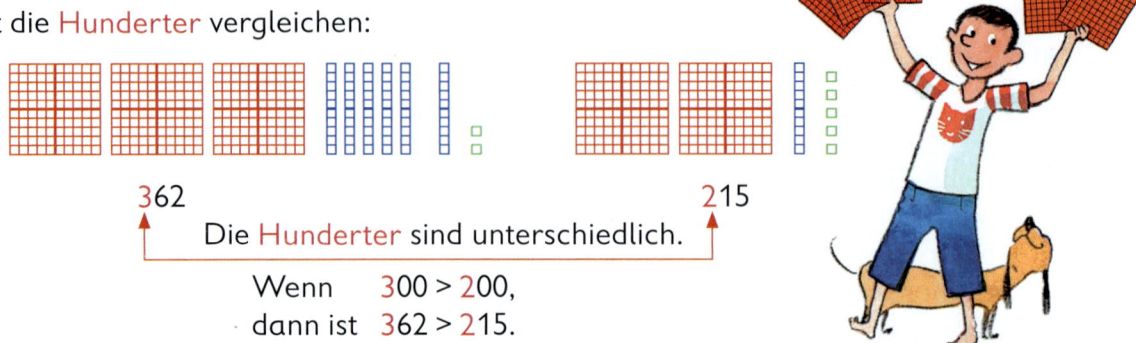

362   215

Die Hunderter sind unterschiedlich.

Wenn   300 > 200,
dann ist   362 > 215.

Vergleiche und setze das richtige Zeichen: < oder >.

a) 417 ⬤ 345   b) 562 ⬤ 605   c) 777 ⬤ 877   d) 145 ⬤ 205

2 Wenn die Hunderter gleich sind, dann die Zehner vergleichen:

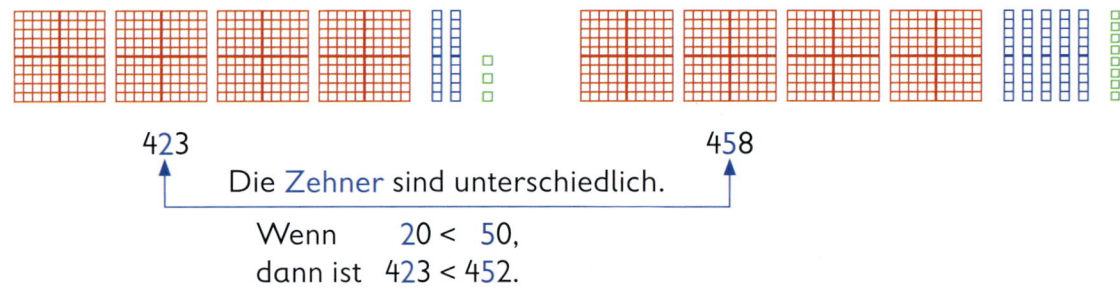

423   458

Die Zehner sind unterschiedlich.

Wenn   20 < 50,
dann ist   423 < 452.

Vergleiche und setze das richtige Zeichen: < oder >.

a) 345 ⬤ 372   b) 517 ⬤ 567   c) 908 ⬤ 980   d) 777 ⬤ 780

3 Wenn die Hunderter und Zehner gleich sind, dann die Einer vergleichen:

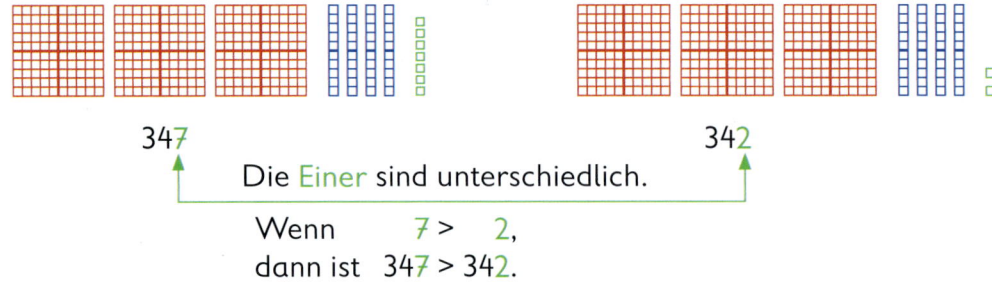

347   342

Die Einer sind unterschiedlich.

Wenn   7 > 2,
dann ist   347 > 342.

Vergleiche und setze das richtige Zeichen: < oder >.

a) 259 ⬤ 253   b) 519 ⬤ 512   c) 698 ⬤ 691   d) 470 ⬤ 475

1 Vergleiche und setze das richtige Zeichen: < oder >.

a) 212 ⬤ 310
516 ⬤ 518
392 ⬤ 390
192 ⬤ 219

b) 409 ⬤ 490
126 ⬤ 136
555 ⬤ 625
326 ⬤ 329

c) 347 ⬤ 377
213 ⬤ 218
478 ⬤ 398
536 ⬤ 530

d) 795 ⬤ 823
607 ⬤ 602
371 ⬤ 381
290 ⬤ 209

2 Ordne die Zahlen.

a) Beginne mit der größten Zahl.

391 129 409
341 128 609
99 505 550 412

b) Beginne mit der kleinsten Zahl.

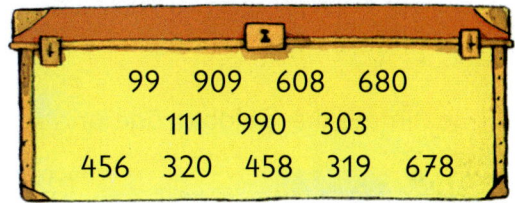

99 909 608 680
111 990 303
456 320 458 319 678

3 Übertrage die Tabelle in dein Heft.
Trage zu jeder Zahl den Vorgänger und den Nachfolger ein.

199 310 444 999 489 509 99

V	Zahl	N

4 Welche Zahlen liegen zwischen den Zahlen?

a) 124 und 130
b) 299 und 311
c) 984 und 1000
d) 440 und 450

5 Dreistellige Zahlen gesucht

a) Der Hunderter, der Zehner und der Einer sind 5.

b) Der Hunderter ist 4, der Zehner ist das Doppelte von 4 und der Einer ist die Hälfte von 4.

c) Der Hunderter ist das Produkt aus 4 und 2, der Zehner ist die Differenz aus 4 und 2, der Einer ist die Summe aus 4 und 2.

6 a) Lege mit den drei Ziffernkarten die größte und die kleinste dreistellige Zahl.

b) Lege mit diesen Ziffernkarten alle möglichen dreistelligen Zahlen.

WIEDERHOLE

1. Setze die Zeichen: < oder >. 7 ⬤ 9, 36 ⬤ 34, 71 ⬤ 69 und 50 ⬤ 56.

2. Ordne die Zahlen. Beginne mit der kleinsten Zahl.
83, 36, 17, 71, 80, 12, 79, 27, 63, 72, 21

3. Welche Zahlen liegen zwischen 49 und 54, 60 und 70?

1: Zahlen vergleichen, Relationszeichen setzen   2: Nach Vorschrift ordnen
3: Vorgänger und Nachfolger bestimmen   4: Zahlen zwischen den gegebenen Zahlen finden
5 und 6: Dreistellige Zahlen finden

AH 9 | **TÜ** 12 23

Geldwerte bis 1000 Euro

1 a) Beschreibe alle Euro-Scheine. Gib Gemeinsamkeiten und Unterschiede an.

b) Um Fälschungen zu vermeiden, hat jeder Schein Sicherheitsmerkmale.
Finde sie und nenne einige.

2 Bestimme die Geldbeträge und schreibe sie auf.

a)    b)    c)

d)    e)    f)

3 Wie viel könnten diese Gegenstände kosten? Ordne zu.

20 €          700 €

10 €   50 €   1 000 ct   300 €   1 000 €

4 Lege 700 € mit

a) 2 Scheinen,   b) 4 Scheinen,   c) 5 Scheinen,   d) 7 Scheinen.

5 Lege die Geldbeträge mit möglichst wenigen Geldscheinen.

a) 600 €   b) 360 €   c) 685 €   d) 990 €   e) 555 €   f) 235 €

6 Tom und Max haben zusammen 750 €. Tom hat doppelt so viel Geld wie Max.
Wie viel Euro hat jedes Kind?

Geldbeträge in Kommaschreibweise

1 Maria leert ihr Sparschwein. Sie ordnet ihr Geld nach € und ct.

Es sind 4 €
und 53 ct.

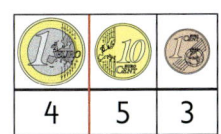

Sie notiert in einer Tabelle.

4	5	3

Sie schreibt den Betrag mit Komma.
4,53 €

MERKE DIR

Das Komma trennt Euro und Cent.

4,53 € → 4 € | 53 ct

6,20 € → 6 € | 20 ct

8,03 € → 8 € | 3 ct

2 Trage die Anzahl der Münzen in eine Tabelle ein.
Schreibe den Geldbetrag mit Komma dazu.

a) 

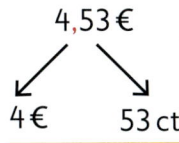

			Betrag
			€

b) 

			Betrag
			€

c) 

			Betrag
			€

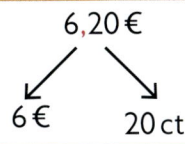

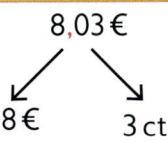

3 Schreibe mit Komma.

a) 14 € 68 ct = 14,68 €
3 € 26 ct
28 € 52 ct
137 € 98 ct
83 ct

b) 8 € 50 ct = 8,50 €
4 € 20 ct
56 € 80 ct
420 € 70 ct
10 ct

Tipp:
6 ct = 0,06 €

c) 15 € 8 ct = 15,08 €
7 € 8 ct
85 € 1 ct
308 € 5 ct
7 ct

4 Schreibe in Euro und Cent.

a) 16,98 € = 16 € 98 ct
24,72 €
240,44 €
555,55 €
0,83 €

b) 4,60 € = 4 € 60 ct
8,20 €
50,60 €
103,70 €
0,60 €

Tipp:
0,04 € = 4 ct

c) 26,03 € = 26 € 3 ct
15,05 €
150,07 €
808,08 €
0,02 €

1: Abbildungen nachvollziehen 2: Geldbeträge in eine Tabelle einordnen, mit Komma angeben
3 und 4: Geldbeträge in unterschiedlichen Schreibweisen angeben

1

a) Tom kauft ein Buch:

	er bezahlt mit	er bekommt zurück
6,70 €	[10]	☐ €

10,00 € – 6,70 € = ☐ €

Tom bekommt ☐ € zurück.

b) Maria kauft eine Flöte:

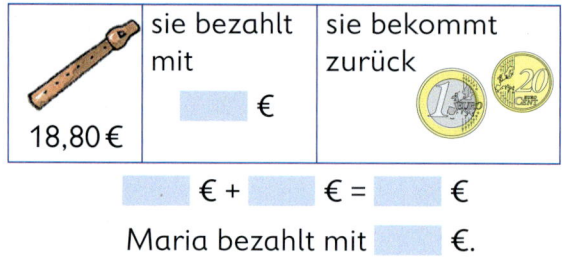

	sie bezahlt mit	sie bekommt zurück
18,80 €	☐ €	

☐ € + ☐ € = ☐ €

Maria bezahlt mit ☐ €.

c) Max kauft ein T-Shirt:

	er bezahlt mit	er bekommt zurück
☐ €	[10]	

☐ € – ☐ € = ☐ €

Das T-Shirt kostet ☐ €.

2 a) Ben kauft ein Spiel für 39,00 €. Er bezahlt mit einem 50-Euro-Schein. Wie viel Geld erhält er zurück?

b) Anna kauft einen Rucksack für 68,00 €. Sie bezahlt mit einem Geldschein und erhält 32,00 € zurück. Mit welchem Geldschein hat sie bezahlt?

c) Lisa kauft sich eine neue Federtasche. Sie bezahlt mit einem 10-Euro-Schein und erhält 4,50 € zurück. Wie viel hat die Federtasche gekostet?

3

Erwachsene	5 €
Kinder	4 €

Maria fährt zusammen mit drei Freundinnen und ihren Eltern zweimal mit der Achterbahn. Wie viel müssen die Eltern insgesamt bezahlen?

4 Herr Schöne kauft für 15 € Karten für das Riesenrad. Jedes seiner drei Kinder erhält die gleiche Anzahl an Karten.

a) Wie viele Karten hat Herr Schöne gekauft?
b) Wie oft kann jedes Kind fahren?
c) Wie viel müsste Herr Schöne mehr bezahlen, wenn er jedes Mal mitfahren würde?

Erwachsene	3,50 €
Kinder	2,50 €

Gib die Geldbeträge in Euro an.

1

	200	100	50	10	5
a)	X		X		X
b)	X			X	X
c)		X		X	X
d)	X	X		XX	
e)	XX			X	X

Schreibe so: a) 255 €

2

	100	10	1€	10ct	5ct
a)		3	3	4	5
b)	1	4	0	6	8
c)	3	0	6	7	0
d)		8	0	0	6
e)	5	0	0	0	5

Schreibe so: a) 33,45 €

3 Ordne die Geldbeträge der Größe nach. Beginne:
  a) mit dem kleinsten Betrag
  b) mit dem größten Betrag

  6,80 €   65 €   65 ct   6 € 50 ct   6,25 €
  250,50 €   250 €   80 €   100 ct   2,50 €

4 Lege und vergleiche: < = >.

a)
  4,20 € ◯ 4,02 €
  8,26 € ◯ 6,28 €
  17,50 € ◯ 17,49 €
  20,00 € ◯ 20,01 €
  252,05 € ◯ 252,02 €

b)
  1,72 € ◯ 1 € 72 ct
  15,26 € ◯ 15 € 62 ct
  28,03 € ◯ 23 € 8 ct
  150,00 € ◯ 150 € 3 ct
  372,72 € ◯ 372 € 72 ct

c)
  70,50 € ◯ 70 € 5 ct
  29,09 € ◯ 29 € 9 ct
  91,11 € ◯ 90 € 50 ct
  66,66 € ◯ 67 €
  49,90 € ◯ 48 € 90 ct

5 Ergänze zu 10 €. Schreibe so: 7,00 € + ▢ € = 10 €
  7,00 €   8,50 €   5,90 €   9,80 €   1,20 €   0,90 €   0,05 €

6 Lege und rechne.

a)
  3,20 € + 2,50 €
  4,40 € + 6,10 €
  7,80 € + 2,20 €
  3,70 € + 2,30 €
  4,00 € + 0,60 €

b)
  8,90 € – 1,10 €
  10,00 € – 5,50 €
  6,70 € – 4,70 €
  3,80 € – 3,50 €
  6,00 € – 0,40 €

c)
  25,55 € – 2,05 €
  40,90 € – 5,40 €
  77,77 € + 2,23 €
  53,50 € + 1,50 €
  82,60 € – 3,20 €

1: Geldbeträge ablesen, in Euro angeben   2: Geldbeträge ablesen, mit Komma angeben
3: Geldbeträge ordnen   4: Geldbeträge legen und vergleichen   5: Geldbeträge zu 10 Euro
ergänzen   6: Geldbeträge legen, addieren und subtrahieren

AH 10 | TÜ 13   27

Strecken und Punkte

Eine Strecke hat einen Anfangspunkt und einen Endpunkt.

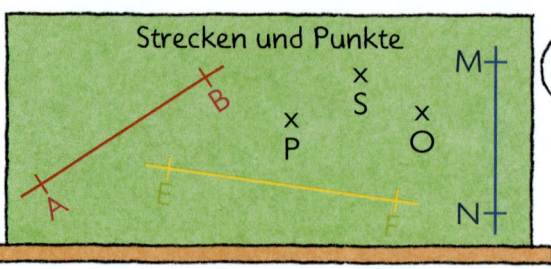

Punkte und Strecken haben einen Namen.

1 Welche Strecken erkennst du an den Figuren?
Miss ihre Länge und gib sie in Millimeter an.

Schreibe so:

$\overline{AB}$ = ▮ mm

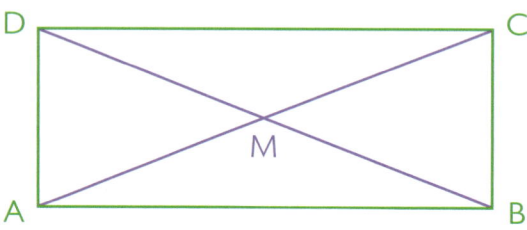

2 Zeichne eine Strecke $\overline{AB}$ = 3 cm und eine Strecke $\overline{CD}$, die dreimal so lang ist wie $\overline{AB}$.
Gib die Länge der Strecke $\overline{CD}$ in Millimeter an.

3 a) Welche Punkte liegen nicht auf der Strecke $\overline{AB}$?
b) Welche Punkte liegen zwischen den Punkten A und B?

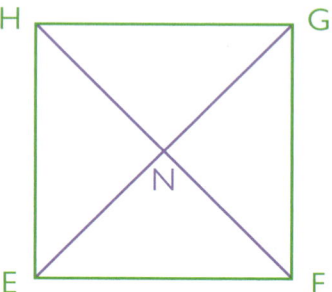

4 Zeichne eine Strecke $\overline{MN}$ = 4 cm. Verlängere diese Strecke
um das Doppelte ihrer Länge. Nenne die verlängerte Strecke $\overline{MH}$.
Wie lang ist die Strecke $\overline{MH}$?

5 Zeichne zwei Strecken $\overline{LM}$ = 8 cm und $\overline{OP}$ = 60 mm so, dass sie sich schneiden.
Der Schnittpunkt heißt S.
Wie lang sind die entstandenen Teilstrecken? Schreibe so: $\overline{LS}$ = ▮ mm

6 Wahr **w** oder falsch **f** ?

a) K liegt auf $\overline{MN}$.
b) K liegt auf $\overline{EF}$.
c) G und H liegen zwischen A und B.
d) H liegt zwischen A und G.

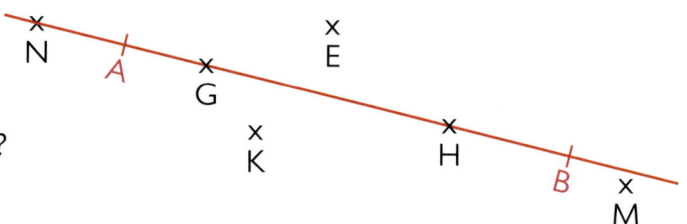

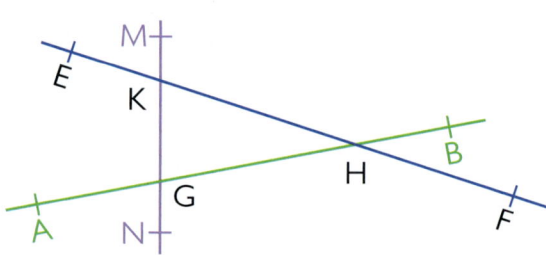

1: Alle Strecken erkennen und messen   2: Inhalt erfassen und zeichnen   3: Punkte angeben
4 und 5: Strecken nach Vorgabe zeichnen; Längen angeben   6: Wahrheitsgehalt prüfen
AH 11 | **TÜ** 14

1

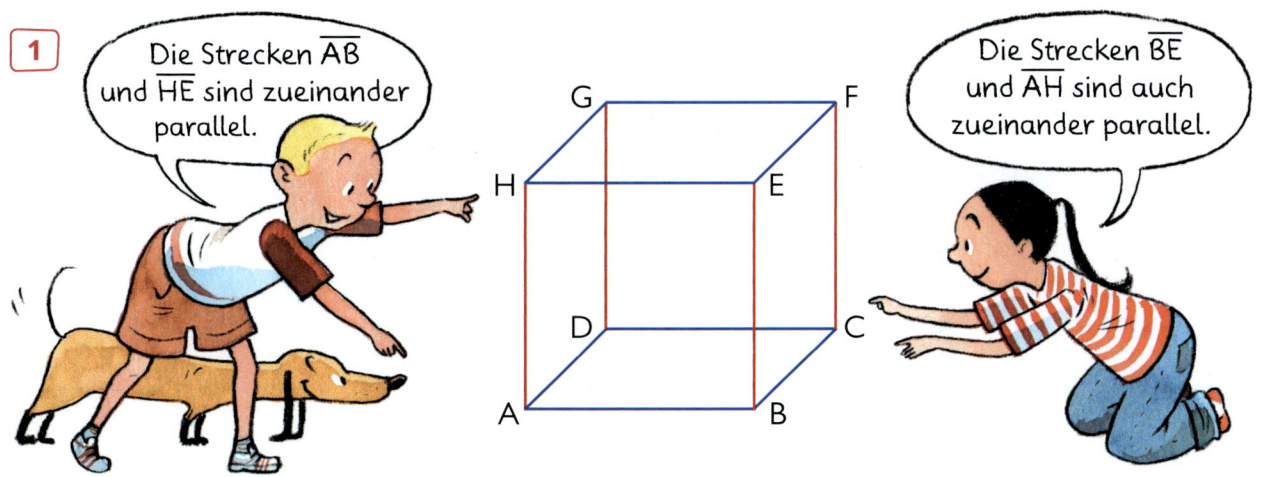

Die Strecken $\overline{AB}$ und $\overline{HE}$ sind zueinander parallel.

Die Strecken $\overline{BE}$ und $\overline{AH}$ sind auch zueinander parallel.

a) Nenne weitere Strecken, die zueinander parallel sind.

b) Zeige an deinem Schülertisch, deinem Mathematikbuch und deiner Schultasche Strecken, die zueinander parallel sind.

So kannst du mit dem Geodreieck zueinander parallele Strecken zeichnen und überprüfen:

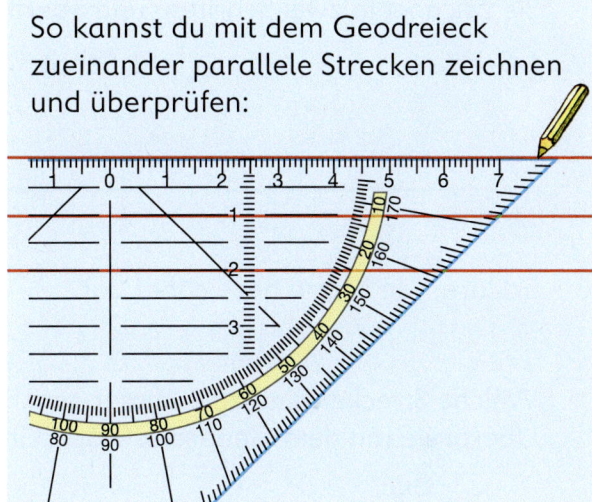

2 Zeichne eine Strecke $\overline{MN}$ = 5 cm. Zeichne zu dieser Strecke zwei parallele Strecken $\overline{EF}$ = 7 cm und $\overline{GH}$ = 4 cm.

3 Zeichne zu einer Strecke $\overline{AB}$ = 45 mm zwei parallele Strecken $\overline{EF}$ = 60 mm und $\overline{MN}$ = 75 mm so, dass die Strecke $\overline{AB}$ zwischen den beiden Strecken $\overline{EF}$ und $\overline{MN}$ liegt.

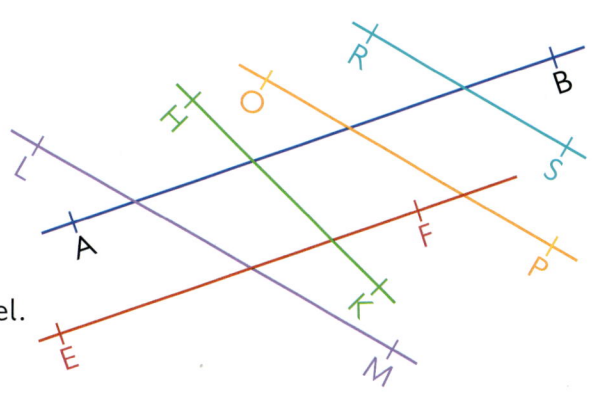

4 Wahr w oder falsch f ?
Überprüfe mit dem Geodreieck.

a) $\overline{AB}$ und $\overline{EF}$ sind zueinander parallel.
b) $\overline{LM}$ und $\overline{OP}$ sind zueinander nicht parallel.
c) $\overline{HK}$ und $\overline{LM}$ sind zueinander parallel.
d) $\overline{RS}$ und $\overline{OP}$ sind zueinander parallel.

Strecken, die zueinander senkrecht sind

1 Zeige Strecken, die zueinander senkrecht sind:
a) an den abgebildeten Türen
b) an der Klassenzimmertür,
den Fenstern,
der Schulbank,
dem Mathematikbuch
und in deiner Umwelt

Überprüfe mit dem Geodreieck.

2 Maria zeichnet zwei Strecken $\overline{AB}$ und $\overline{CD}$, die zueinander senkrecht sind.
Sie zeichnet in zwei Schritten und überprüft mit dem Geodreieck.

1. Schritt: 2. Schritt: Überprüfen:

Erkläre, wie Maria gezeichnet hat.

3 Welche Strecken sind zueinander senkrecht?
Überprüfe mit dem Geodreieck. Schreibe so: $\overline{AB}$ ist senkrecht zu …

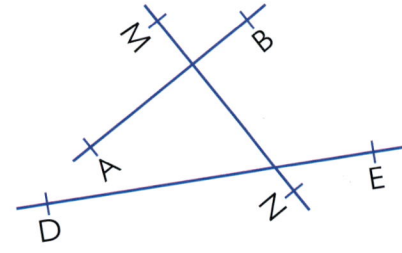
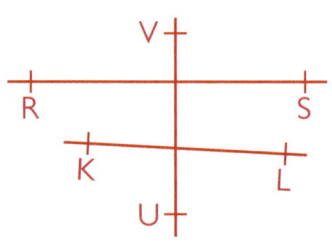
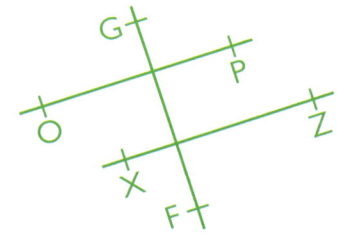

4 An einem Quader gibt es Kanten, die zueinander senkrecht sind,
und es gibt Kanten, die zueinander parallel sind.
Trage mindestens vier Beispiele in die Tabelle ein.

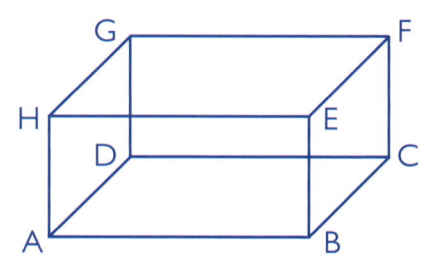

zueinander senkrecht		zueinander parallel	
$\overline{AB}$ und $\overline{AH}$		$\overline{AB}$ und $\overline{HE}$	
$\overline{AB}$ und		und	

1 Welche Geraden sind zueinander senkrecht, welche sind zueinander parallel? Überprüfe mit dem Geodreieck.

Schreibe so:

g ist ... zu ...

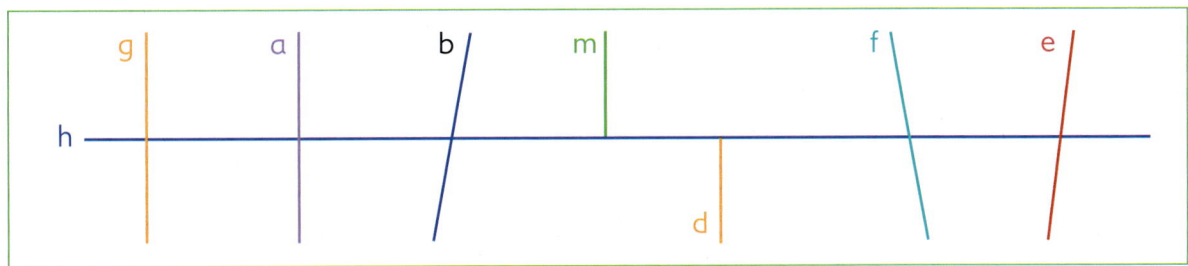

2 An welchen Figuren findest du Strecken,
a) die zueinander senkrecht sind,
b) die zueinander parallel sind?

Schreibe so:

$\overline{AB}$ ist senkrecht zu ...
$\overline{AB}$ ist parallel zu ...

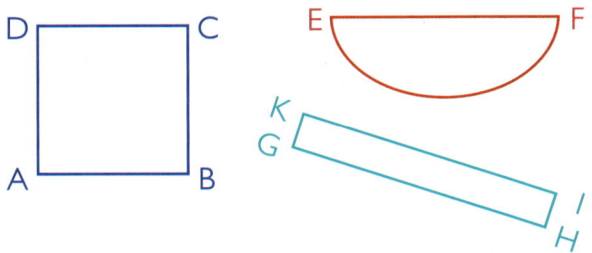

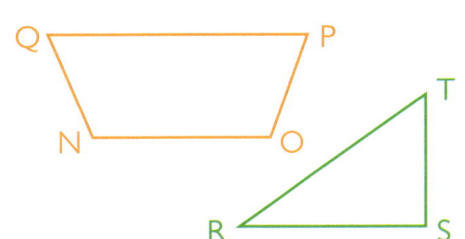

3 Überprüfe, ob die hervorgehobenen Geraden zueinander parallel sind.

a)

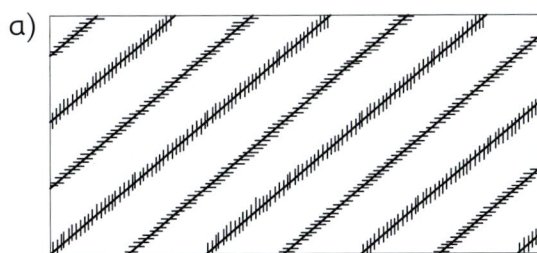

b)

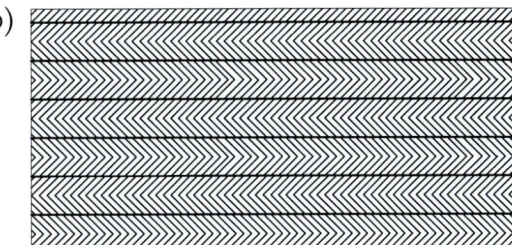

4 Übertrage die Muster in dein Heft.
Gestalte selbst Muster mit Linien, die zueinander parallel sind.

a)

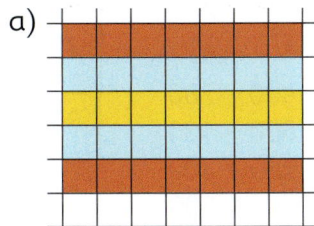

b)

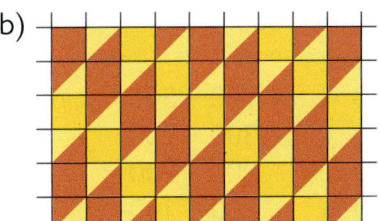

c)

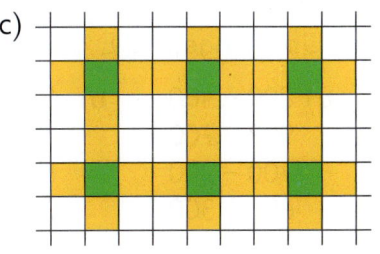

1: Zueinander parallele und senkrechte Linien erkennen und benennen
2: Zueinander parallele/senkrechte Strecken finden und aufschreiben
3: Parallelität überprüfen   4: Muster zeichnen und selbst gestalten

AH 13 | TÜ 16   31

Addieren und Subtrahieren mit Hunderterzahlen

200   +   300   =   500

So kannst du rechnen:

Erst die bekannte Aufgabe lösen
und dann das Ergebnis übertragen:
  2 +   3 =   5
200 + 300 = 500

1
a) 500 + 300   b) 100 + 700
   700 + 200   400 + 400
   400 + 200   200 + 200
   300 + 300   100 + 500

400	600
600	600
800	800
800	900

2
a) 200 + 400 + 300   b) 600 + 200 + 100   c) 100 + 400 + 300
   100 + 200 + 300   700 + 100 + 200   200 + 600 + 100
   300 + 300 + 300   400 + 200 + 100   400 + 200 + 300
   500 + 100 + 200   300 + 100 + 600   200 + 200 + 200

600	600	700
800	800	900
900	900	900
900	1000	1000

3 Die Kinder kaufen für ihr Schulfest Buntpapier. Das Papier gibt es in Paketen
mit 200 Bögen und mit 400 Bögen. Welche Möglichkeiten haben die Kinder,
800 Bögen zu kaufen?

4 Aus 600 Luftballons können Tiere hergestellt werden.
Am Vormittag wurden 400 Luftballons verbraucht.
Wie viele Luftballons sind übrig geblieben?

Löse zuerst
die bekannte Aufgabe.
Übertrage das Ergebnis.
  6 −   4 =   2
600 − 400 = 200

a) 700 − 400   b) 500 − 300   c) 900 − 500   d) 800 − 400 − 200
   900 − 700   400 − 200   300 − 200   1000 − 800 − 100
   400 − 300   800 − 400   800 − 700   1000 − 200 − 300
   600 − 300   1000 − 500   700 − 100   900 − 400 − 500

0	100
100	100
100	200
200	200
200	300
300	400
400	500
500	600

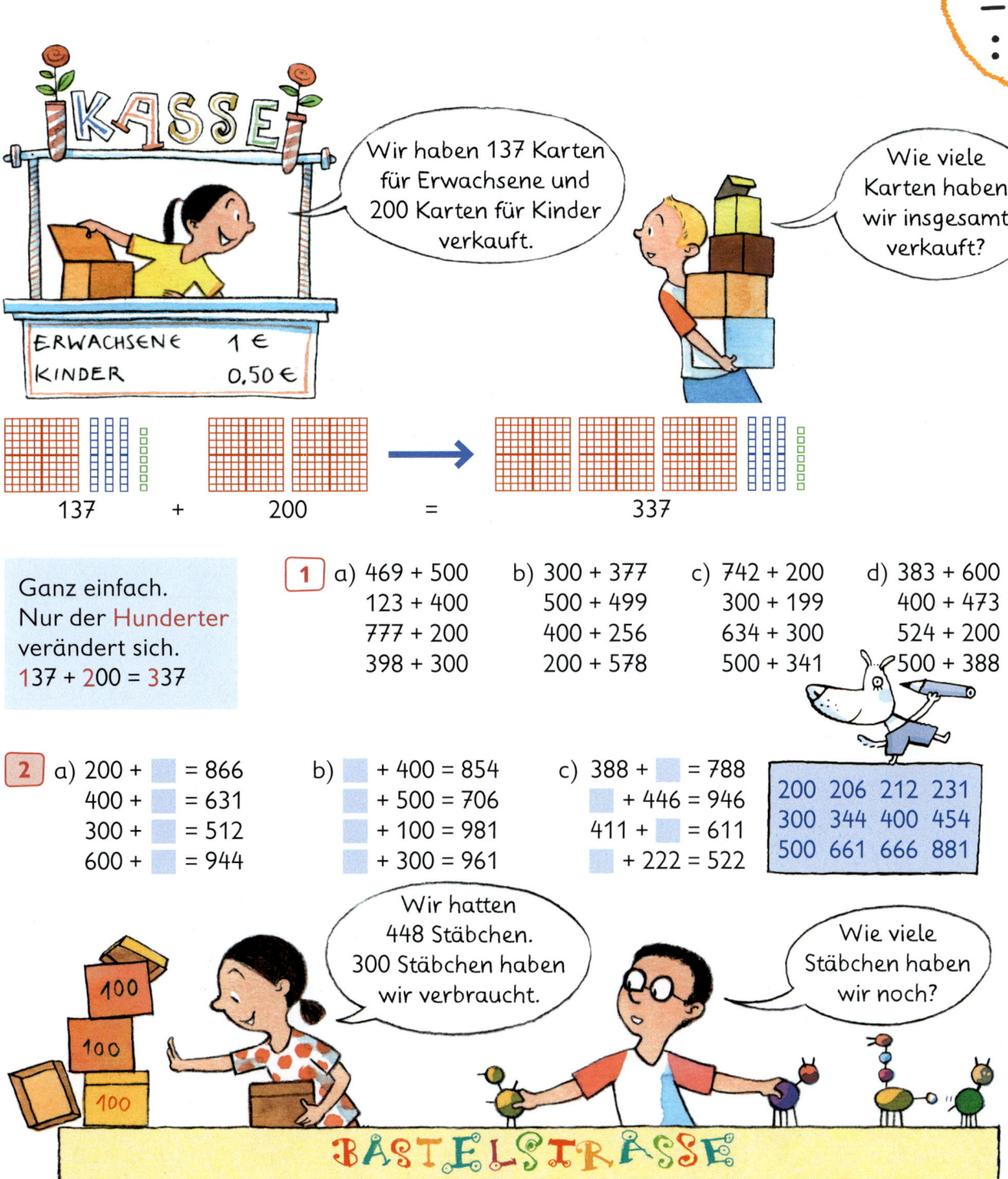

KASSE

Wir haben 137 Karten für Erwachsene und 200 Karten für Kinder verkauft.

Wie viele Karten haben wir insgesamt verkauft?

ERWACHSENE 1 €
KINDER 0,50 €

137 + 200 = 337

Ganz einfach.
Nur der Hunderter verändert sich.
137 + 200 = 337

1
a) 469 + 500
123 + 400
777 + 200
398 + 300

b) 300 + 377
500 + 499
400 + 256
200 + 578

c) 742 + 200
300 + 199
634 + 300
500 + 341

d) 383 + 600
400 + 473
524 + 200
500 + 388

2
a) 200 + ▢ = 866
400 + ▢ = 631
300 + ▢ = 512
600 + ▢ = 944

b) ▢ + 400 = 854
▢ + 500 = 706
▢ + 100 = 981
▢ + 300 = 961

c) 388 + ▢ = 788
▢ + 446 = 946
411 + ▢ = 611
▢ + 222 = 522

200	206	212	231
300	344	400	454
500	661	666	881

Wir hatten 448 Stäbchen. 300 Stäbchen haben wir verbraucht.

Wie viele Stäbchen haben wir noch?

BASTELSTRASSE

Nur der Hunderter verändert sich.   448 − 300 = 148

3
a) 742 − 300
623 − 500
398 − 100
458 − 200

b) 494 − 200
919 − 800
581 − 300
654 − 400

c) 321 − 300
422 − 200
888 − 600
593 − 500

d) 561 − 300
234 − 200
684 − 200
903 − 600

4
798 − ▢ = 398
922 − ▢ = 122
▢ − 200 = 745
▢ − 300 = 299

Addieren von Zehnerzahlen zu dreistelligen Zahlen

1

Für die Kinder der Regenbogenschule werden für 320 € Theaterkarten gekauft. Für die große Kindergartengruppe kauft die Erzieherin noch für 40 € Karten.
Wie viel Geld hat die Kasse insgesamt eingenommen?

  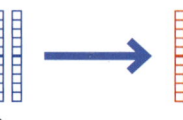 

320 + 40 = 360

2
a) 530 + 10
450 + 30
220 + 40

b) 110 + 80
600 + 90
370 + 10

c) 230 + 20
960 + 30
170 + 30

d) 720 + 60
440 + 40
380 + 20

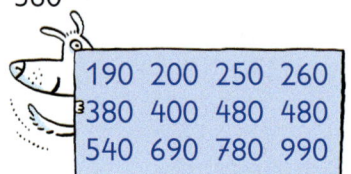

190	200	250	260
380	400	480	480
540	690	780	990

3 Rechne. Wie geht es weiter?
a) 420 + 60
430 + 50
440 + 40
▢ + ▢
▢ + ▢

b) 890 + 10
880 + 20
▢ + ▢
▢ + ▢
▢ + ▢

c) 230 + 50
240 + 40
▢ + ▢
▢ + ▢
▢ + ▢

d) 680 + 10
670 + 20
▢ + ▢
▢ + ▢
▢ + ▢

e) 310 + 80
320 + 70
▢ + ▢
▢ + ▢
▢ + ▢

4

An die 1. und 2. Klassen wurden 123 Becher Limo verkauft.
Die 3. und 4. Klassen kauften zusammen 60 Becher Limo.
Wie viele Becher Limo wurden insgesamt verkauft?

5
a) 475 + 20
989 + 10
322 + 70
547 + 40

b) 30 + 967
40 + 238
60 + 714
50 + 111

6
a) 918 + ▢ = 948
123 + ▢ = 193
666 + ▢ = 686
347 + ▢ = 377

b) ▢ + 20 = 353
▢ + 50 = 555
▢ + 70 = 481
▢ + 40 = 184

7 Am Schulfest haben 426 Kinder und 60 Erwachsene teilgenommen.
Wie viele Teilnehmer waren es insgesamt?

34

1, 2 und 5: Addieren   3: Aufgabenreihen weiterführen und lösen   4: Aufgabe zum Sachverhalt finden; Rechenweg erklären   6: Platzhalter bestimmen   7: Inhalt erfassen; Aufgabe finden, lösen und im Satz antworten

AH 15 | TÜ 18

Subtrahieren von Zehnerzahlen von dreistelligen Zahlen

1 Die Eltern haben 150 belegte Brote für den Frühstücksbasar vorbereitet. Nach einer halben Stunde waren schon 40 Brote verkauft. Wie viele Brote können noch verkauft werden?

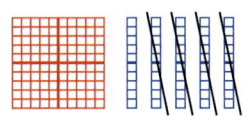

Erkläre, wie du rechnest.

◻ ⬤ ◻ = ◻

2
a) 340 − 10
270 − 40
750 − 30
560 − 50

b) 130 − 20
780 − 30
640 − 20
950 − 10

c) 560 − 30
240 − 40
860 − 20
480 − 60

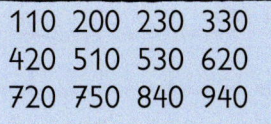

110 200 230 330
420 510 530 620
720 750 840 940

3 Rechne. Wie geht es weiter?

a) 190 − 10
180 − 20
170 − 30
◻ − ◻
◻ − ◻

b) 480 − 60
570 − 50
660 − 40
◻ − ◻
◻ − ◻

c) 320 − 10
430 − 20
◻ − ◻
◻ − ◻
◻ − ◻

d) 890 − 80
780 − 70
◻ − ◻
◻ − ◻
◻ − ◻

e) 130 − 20
240 − 30
◻ − ◻
◻ − ◻
◻ − ◻

4 Dieses Jahr besuchten 458 Gäste das Sportfest. Letztes Jahr waren es 30 Gäste weniger. Wie viele Gäste kamen im letzten Jahr?

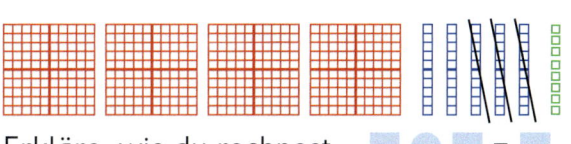

Erkläre, wie du rechnest. ◻ ⬤ ◻ = ◻

5 Subtrahiere. Kontrolliere mit der Umkehraufgabe.

a) 426 − 10
265 − 30
844 − 40

b) 999 − 80
684 − 70
361 − 30

c) 737 − 20
589 − 40
573 − 50

6
a) 333 − ◻ = 313
678 − ◻ = 618
567 − ◻ = 527
485 − ◻ = 435
849 − ◻ = 809

b) ◻ − 50 = 220
◻ − 70 = 707
◻ − 20 = 444
◻ − 40 = 959
◻ − 60 = 321

7
122 € + 60 €
380 € − 40 €
619 € + 80 €
567 € − 50 €

8
422 m − ◻ = 402 m
954 m + ◻ = 994 m
333 m − ◻ = 313 m
261 m + ◻ = 291 m

9
◻ + 40 ct = 656 ct
◻ − 60 ct = 123 ct
◻ + 20 ct = 422 ct
◻ − 30 ct = 341 ct

1: Aufgabe finden und lösen; Rechenweg erklären 2 und 5: Subtrahieren 3: Aufgabenreihen fortsetzen und lösen 4: Inhalt erfassen; Aufgabe finden, lösen und antworten 6: Platzhalter bestimmen
7 bis 9: Addieren und Subtrahieren von Größen

AH 15 | TÜ 18   35

Addieren und Subtrahieren mit Hunderterübergang

1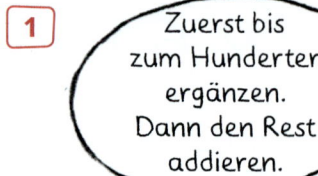

Zuerst bis zum Hunderter ergänzen. Dann den Rest addieren.

Zuerst bis zum Hunderter subtrahieren. Dann den Rest subtrahieren.

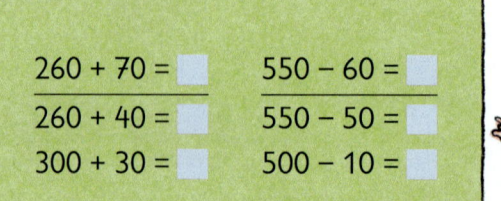

260 + 70 = ☐	550 − 60 = ☐
260 + 40 = ☐	550 − 50 = ☐
300 + 30 = ☐	500 − 10 = ☐

2
a) 390 + 20
650 + 70
540 + 90
260 + 50

b) 410 + 90
740 + 80
360 + 70
150 + 80

c) 720 − 30
440 − 60
830 − 50
510 − 70

d) 340 − 60
760 − 80
250 − 60
310 − 40

190	230	270	280
310	380	410	430
440	500	630	680
690	720	780	820

3 Rechne über den Hunderter. Was passt zusammen?

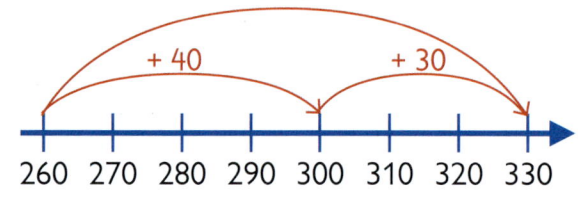

a) 540 420 20 90 860 40 380 50 70 790

☐ + ☐ = ☐

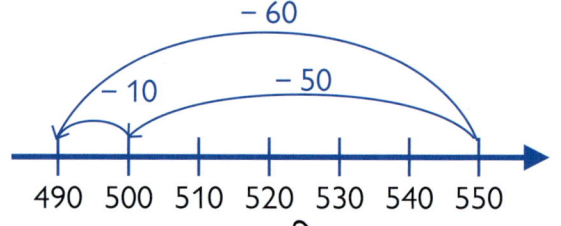

b) 250 320 30 50 910 60 540 20 670 80

☐ − ☐ = ☐

4

	60	
630	20	

5

910	
80	
790	

6

| 430 | |
| 260 | 10 |

7
a) 560 + ☐ = 590
480 + ☐ = 530
670 + ☐ = 740
330 + ☐ = 420

b) 240 − ☐ = 160
630 − ☐ = 580
910 − ☐ = 840
420 − ☐ = 350

c) 570 − ☐ = 490
820 + ☐ = 900
360 − ☐ = 280
250 + ☐ = 330

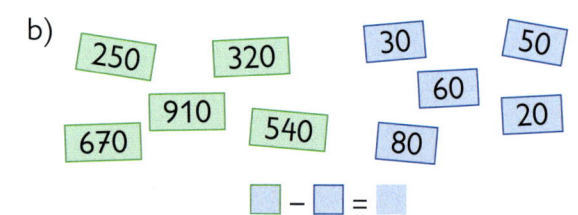

30	50	50	70
70	70	80	80
80	80	80	90

1: Rechenwege erfassen; Aufgaben lösen   2: Addieren und Subtrahieren   3: Aufgaben finden und lösen   4 bis 6 Rechenmauern lösen   7: Platzhalter bestimmen

1

1000	
600	
	200
500	
100	
	300

700	
300	
	500
100	
400	
	200

420	
360	
	40
330	
	30
350	

940	
890	
	90
860	
	60
870	

2 Bilde mit zwei Zahlen Subtraktionsaufgaben.
Das Ergebnis soll immer größer als 300 sein.
Finde alle Möglichkeiten.

70   450
90   372   60

3 Die Summe aus drei Zahlen soll 800 sein.
Bilde mit diesen Zahlen passende Additionsaufgaben.

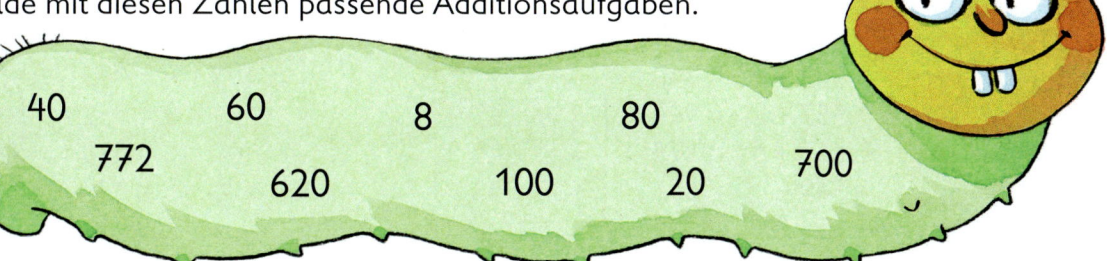

40   60   8   80
772   620   100   20   700

4

a)
	+ 10 = 410
	+ 40 = 758
	+ 70 = 585
	+ 90 = 210
	+ 30 = 620

b)
	− 20 = 380
	− 50 = 170
	− 70 = 528
	− 80 = 612
	− 40 = 945

c)
	+ 30 = 456
	− 60 = 280
	+ 90 = 950
	− 40 = 521
	+ 70 = 440

120	220	340
370	400	400
426	515	561
590	598	692
718	860	985

5

a) + 70

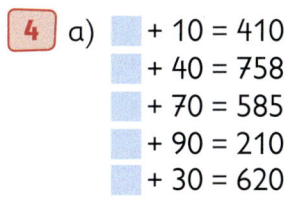

250	
480	
	760
	930
170	

b) − 90

230	
580	
	250
950	
	330

6

Ich denke mir eine Zahl, addiere 30, subtrahiere dann 80 und erhalte 450. Wie heißt meine Zahl?

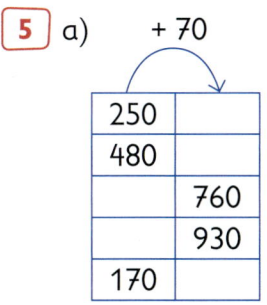
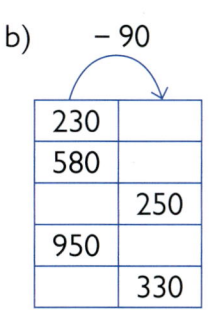

1: Fehlende Zahlen in den Rechenhäusern berechnen   2: Subtraktionsaufgaben bilden und lösen
3: Additionsaufgaben mit der Summe 800 bilden   4: Platzhalter bestimmen   5: Addieren und
Subtrahieren   6: Gesuchte Zahl bestimmen

AH 16 | **TÜ** 19   37

1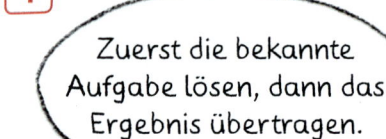

Zuerst die bekannte Aufgabe lösen, dann das Ergebnis übertragen.

$439 + 6$

Wenn $39 + 6 = \square$,

dann $439 + 6 = \square$.

$+ 6$

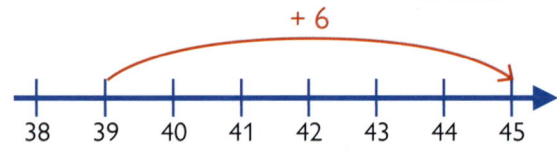

38 39 40 41 42 43 44 45

$+ 6$

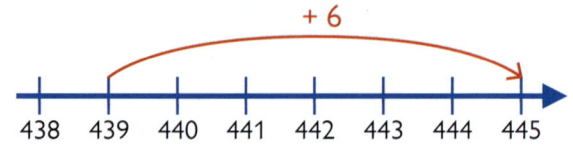

438 439 440 441 442 443 444 445

2
a) $\boxed{48 + 4}$ b) $\boxed{69 + 7}$ c) $\boxed{86 + 6}$
   $148 + 4$ $369 + 7$ $286 + 6$
   $548 + 4$ $669 + 7$ $486 + 6$
   $748 + 4$ $869 + 7$ $686 + 6$
   $948 + 4$ $969 + 7$ $886 + 6$

52	76	92
152	292	376
492	552	676
692	752	876
892	952	976

3
$255 + 8$
$488 + 7$
$629 + 5$
$846 + 9$
$537 + 6$

4
$472 + \square = 481$
$333 + \square = 340$
$957 + \square = 964$
$665 + \square = 673$
$549 + \square = 555$

6 7 7
8 9 263
495 543
634 855

5
$\square + 7 = 352$
$\square + 4 = 448$
$\square + 9 = 762$
$\square + 6 = 533$
$\square + 5 = 274$

269
345
444
527
753

6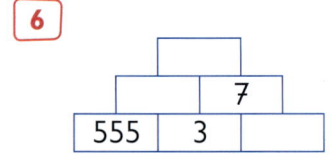

| | 7 | |
| 555 | 3 | |

7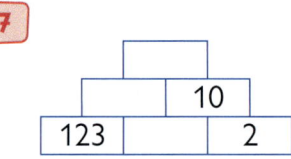

| | 10 | |
| 123 | | 2 |

8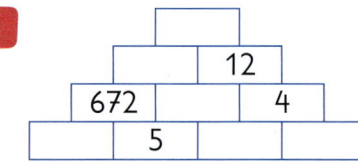

	12	
672		4
	5	

9

400

393	7
396	
391	

Schreibe so:

$393 + 7 = 400$
$396 + \square = 400$
$\square + \square = \square$

900

892	
	5
899	

500

493	
	2
496	

1000

	8
995	
	6

700

+	7	6	9	8	5
56					
87					

−	5	9	8	7	6
62					
35					

WIEDERHOLE

1: Lösungsweg erfassen; Aufgabe lösen   2 und 3: Addieren   4 und 5: Platzhalter bestimmen
6 bis 8: Rechenmauern lösen   9: Additionsaufgaben dem Haus entnehmen und lösen

Subtrahieren einstelliger Zahlen von dreistelligen Zahlen

1 Von den 367 Kindern der Adam-Ries-Grundschule nehmen 8 Kinder an der Mathematik-Stadtolympiade teil. Wie viele Kinder nehmen nicht teil?

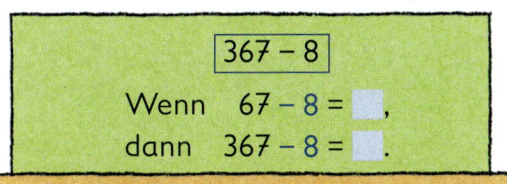

367 − 8

Wenn   67 − 8 = ☐ ,

dann   367 − 8 = ☐ .

Zuerst die bekannte Aufgabe lösen, dann das Ergebnis übertragen.

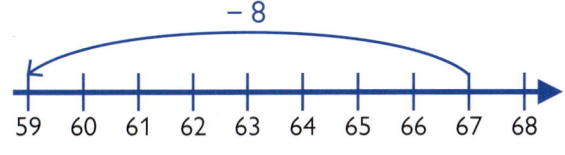

−8

59 60 61 62 63 64 65 66 67 68

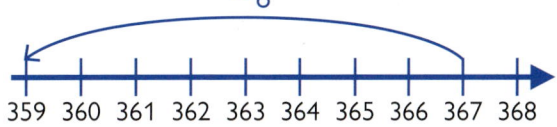

−8

359 360 361 362 363 364 365 366 367 368

2 a) 42 − 6
142 − 6
642 − 6
742 − 6
842 − 6

b) 65 − 9
265 − 9
565 − 9
665 − 9
965 − 9

c) 97 − 8
397 − 8
497 − 8
697 − 8
997 − 8

36 56 89 136
256 389 636 556
489 736 656 689
836 956 989

3 253 − 8
432 − 5
681 − 6
344 − 9
945 − 7

4 245 − ☐ = 237
186 − ☐ = 179
425 − ☐ = 416
351 − ☐ = 348
934 − ☐ = 928

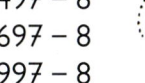

3 6 7
8 9 245
335 427
675 938

5 ☐ − 4 = 128
☐ − 3 = 497
☐ − 8 = 632
☐ − 6 = 345
☐ − 9 = 854

132
351
500
640
863

6

	462	
	8	
		2

7

	993	
	9	
		3

8

	555	
		9
	7	
533		1

9

−	3	6	7	8
533				
925				

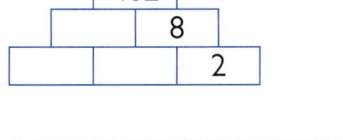

10

−	4	3		5
	596			
123			114	

11 Wie heißen die Zahlen?

Meine Zahl ist die Differenz aus 345 und 9.

Wenn ich von meiner Zahl 8 subtrahiere, erhalte ich 988.

1: Lösungsweg erfassen; Aufgabe lösen   2 und 3: Subtrahieren   4 und 5: Platzhalter bestimmen
6 bis 8: Rechenmauern lösen   9 und 10: Subtrahieren in Tabellen   11: Zahlen finden

AH 17 | TÜ 20   39

Addieren zweistelliger Zahlen zu dreistelligen Zahlen

1

Der Zirkus ist in der Stadt. Am Samstag kamen 325 Besucher zur Vorstellung. Sonntag waren noch 12 Besucher mehr da. Wie viele Besucher kamen am Sonntag?

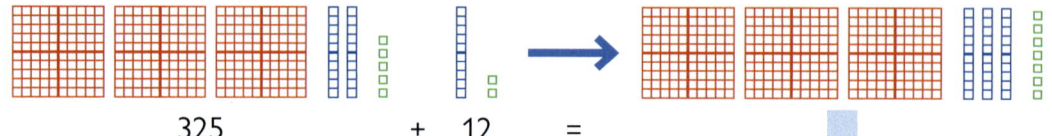

325   +   12   =

2

a)	b)	c)	d)
184 + 13	333 + 16	234 + 65	728 + 32
445 + 23	924 + 45	943 + 56	444 + 33
847 + 42	781 + 19	865 + 25	389 + 11
533 + 64	613 + 46	555 + 42	251 + 27

197	278	299	349
400	468	477	597
597	659	760	800
889	890	969	999

3

Es gibt insgesamt 127 Tiere im Zirkus.
Von einem Zoo bekommt der Zirkus 14 Ziegen geschenkt. Wie viele Tiere hat der Zirkus jetzt?

127   +   14   =

4

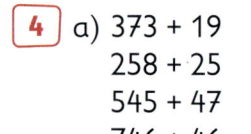

a)	b)	c)	d)
373 + 19	927 + 25	555 + 38	159 + 39
258 + 25	454 + 39	662 + 29	233 + 58
545 + 47	367 + 27	428 + 59	476 + 15
746 + 46	538 + 49	167 + 24	348 + 36

191	198	283	291
384	392	394	487
491	493	587	592
593	691	792	952

5

+	33	29	57	48
527				
839				

6

+		27		45
434	472			
925			992	

WIEDERHOLE

1.	2.	3.	4.	5.	6.
23 + 21	56 + 34	56 − 22	92 − 12	☐ + 45 = 62	☐ − 24 = 22
45 + 26	49 + 42	84 − 16	43 − 15	☐ + 13 = 71	☐ − 35 = 35

Subtrahieren zweistelliger Zahlen von dreistelligen Zahlen

1

Am Sonnabend kauften 256 Kinder Zuckerwatte. Am Sonntag waren es 32 Kinder weniger als am Sonnabend. Wie viele Kinder haben am Sonntag Zuckerwatte gekauft?

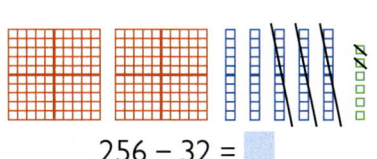

$256 - 32 =$ ▢

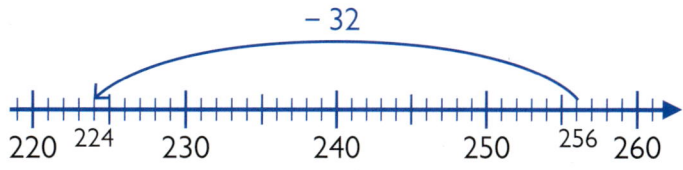

− 32

220 224 230 240 250 256 260

2 a) 824 − 12   b) 448 − 35   c) 591 − 90   d) 188 − 51
       359 − 38   999 − 88   274 − 62   334 − 22
       551 − 41   428 − 15   232 − 12   946 − 23
       794 − 73   373 − 52   876 − 65   777 − 45

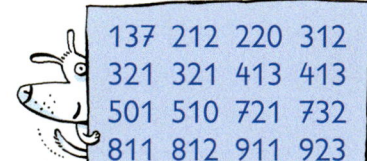

137	212	220	312
321	321	413	413
501	510	721	732
811	812	911	923

3

An diesem Wochenende wurden 345 Getränke verkauft.
Das sind 27 Getränke mehr als am Wochenende zuvor.
Wie viele Getränke wurden am Wochenende zuvor verkauft?

$345 - 27 =$ ▢

4 a) 264 − 47   b) 733 − 28   c) 265 − 29   d) 954 − 38
       446 − 28   473 − 55   828 − 19   561 − 57
       853 − 19   392 − 36   275 − 26   343 − 24
       592 − 24   654 − 45   632 − 15   751 − 45

217	236	249	319
356	418	418	504
568	609	617	705
706	809	834	916

5 Zu welcher Wagennummer gehören die Briefumschläge?

321   332   340 − 19   349 − 17   386 − 65

381 − 49   349 − 28   387 − 55   368 − 47   361 − 29

Addieren und Subtrahieren

1
a) 345 m + 40 m
726 m + 56 m
444 m + 29 m
517 m + 27 m

b) 167 € − 60 €
482 € − 43 €
874 € − 38 €
666 € − 18 €

c) 352 ct + 39 ct
589 ct − 45 ct
222 ct + 59 ct
491 ct − 65 ct

d) 688 m − 19 m
939 m + 39 m
444 m − 28 m
148 m + 44 m

| 107 | 192 | 281 | 385 | 391 | 416 | 426 | 439 | 473 | 544 | 544 | 648 | 669 | 782 | 836 | 978 |

2 Setze die Zahlenfolgen fort.

a) 425, 450, 475, ▮, ▮, ▮, ▮, ▮, ▮, 650

b) 216, 228, 240, ▮, ▮, ▮, ▮, ▮, 312

3

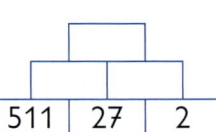

| 511 | 27 | 2 |

496	
35	
28	

936	
	44
14	5

4 Setze das richtige Zeichen: < = > .

a) 440 + 50 ● 490
237 + 18 ● 245
164 + 27 ● 191

b) 680 − 70 ● 620
964 − 26 ● 939
354 − 39 ● 314

c) 420 ● 490 − 80
555 ● 519 + 36
167 ● 181 − 13

5

+	26	18	34	29
634				
556				

6

−	37	46		51
473			452	
	219			

Summe · Differenz

7 Was wird größer?

a) die Summe aus 715 und 40 oder die Differenz aus 785 und 40
b) die Summe aus 325 und 39 oder die Differenz aus 382 und 18

WIEDERHOLE

1. Vervollständige die Zahlenfolgen.
a) 24, 32, 40, ▮, ▮, ▮, ▮, 80
b) 25, 30, 35, ▮, ▮, ▮, ▮, 60
c) 22, 33, 44, ▮, ▮, ▮, 99

2. < = > ?
a) 32 + 6 ● 39
19 + 29 ● 30
b) 68 − 9 ● 77
74 − 47 ● 36
c) 84 − 16 ● 58
55 + 36 ● 91

42

1: Addieren/Subtrahieren von Größen   2: Folgen vervollständigen   3: Rechenmauern lösen
5 und 6: Tabellen ergänzen   7: Aufgaben finden und lösen; Ergebnisse vergleichen

AH 19 | TÜ 22–23

1 Setze die Zahlenfolgen fort.

a) 895 880

b) 691 677

c) 297 284

2 Rechne vorteilhaft.

a) 376 + 20 + 4
543 + 17 + 12
466 + 12 + 14
234 + 19 + 36

b) 552 − 16 − 22
481 − 11 − 27
774 − 60 − 4
362 − 9 − 32

c) 434 − 29 + 16
521 + 34 − 11
371 − 41 + 30
691 + 9 − 25

289	321	360
400	421	443
492	514	544
572	675	710

3 Gib immer alle Lösungen an.

Schreibe so: 374 + ▢ < 377
Lösungen sind: 0, 1, 2
denn   374 + 0 < 377
         374 + 1 < 377
         374 + 2 < 377

a) 284 + ▢ < 287
618 + ▢ < 620
389 + ▢ < 394
175 + ▢ < 177

b) 488 − ▢ > 486
554 − ▢ > 550
780 − ▢ > 777
990 − ▢ > 988

4 a) 240 m + 44 m + 6 m
726 m + 34 m + 15 m
456 m + 7 m + 24 m
816 m + 9 m + 41 m

b) 425 € + 75 € − 25 €
376 € − 43 € − 26 €
566 € − 9 € − 46 €
696 € − 35 € − 6 €

290	307
475	487
511	655
775	866

Achte auf Rechenvorteile.

5 Zahlen gesucht

Meine Zahl ist die Summe aus 839 und 48.

Wenn ich von meiner Zahl erst 37 subtrahiere und danach 54 addiere, erhalte ich 483.

Wenn ich zu meiner Zahl 78 addiere und dann 45 subtrahiere, erhalte ich 345.

1: Zahlenfolgen fortsetzen   2 und 4: Addieren/Subtrahieren; Rechenvorteile erkennen und nutzen   3: Alle Lösungen angeben und Kontrolle durchführen   5: Zahlen finden

AH 19 | **TÜ** 22–23   43

Sachaufgaben – Besondere Wörter

Das sind besondere Wörter.

Diese Wörter verraten, welches Rechenzeichen du beim Rechnen verwenden musst.

das Doppelte · die Hälfte · der vierte Teil · ein Viertel
länger · verlängern · verkürzen · Paar · je · pro
zweimal · dreimal · das Vierfache · doppelt · halb · kürzer · hinzu
mehr · weniger · weg · dazu · und · übrig · zusammen · insgesamt

1 Ordne die Wörter den Rechenzeichen zu. Fertige dazu eine Tabelle an.

+	−	·	:
dazu		zweimal	

2 Frau Bürger kauft für die Terrasse ihres Hauses einen Sonnenschirm für 79 €, eine Sitzgruppe für 403 € und zwei Blumenkübel zu je 9 €. Wie viel Euro muss sie insgesamt bezahlen?

3 Herr Lange benötigt Leisten mit einer Länge von 98 cm. Im Angebot sind nur Leisten mit einer Länge von 125 cm. Um wie viel Zentimeter müssen die Leisten gekürzt werden?

4 Die Blumenverkäuferin hat noch 45 gelbe Nelken. Sie will damit kleine Sträuße mit je 5 Nelken binden. Wie viele Sträuße kann sie binden?

5 Der Maurer kauft eine Palette mit 650 Ziegelsteinen. Dazu kauft er noch 80 Reststeine und 17 Zaunsäulen. Wie viele Steine hat er insgesamt gekauft?

6 Im Regal waren 378 Tüten mit Tierfutter. Davon wurden am Montag 65 Tüten verkauft und am Dienstag doppelt so viele wie am Montag. Wie viele Tüten Tierfutter sind noch im Regal?

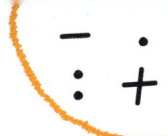

Restposten zum Sonderpreis

	Preis	
	alt	neu
Fahrräder	~~275 €~~	225 €
Schlauchboote	~~199 €~~	149 €
Bergzelte	~~99 €~~	50 €
Indianerzelte	~~85 €~~	30 €
Springseile	~~12 €~~	8 €
Bälle	~~9 €~~	7 €
Kegelspiele	~~24 €~~	19 €

1 Herr Lange kauft für seine Tochter ein Fahrrad, einen Ball und ein Springseil. Wie viel muss er dafür bezahlen?

2 Frau Schöne kauft für ihre Kinder ein Schlauchboot, ein Kegelspiel und ein Indianerzelt.
Herr Schneider kauft für sein Kind ein Bergzelt und ein Fahrrad.
Wer muss mehr bezahlen?

3 Der Sportlehrer kauft für die Schule 8 Bälle und 5 Springseile. Er bezahlt mit einem 100-Euro-Schein.
Wie viel Geld bekommt er zurück?

4 Toms Eltern haben ein Kegelspiel und ein Bergzelt gekauft.
Wie viel Geld haben sie durch die Sonderpreise gespart?

5 Was kannst du kaufen, wenn du insgesamt nicht mehr als 100 € ausgeben darfst?

6

Kasse 1	14.05.2016
Artikel	Preis
1 Jacke	94 €
1 Hose	36 €
1 T-Shirt	6 €
Summe:	

Kasse 2	14.05.2016
Artikel	Preis
1 Kleid	44 €
1 Schal	13 €
Summe:	

Kasse 3	14.05.2016
Artikel	Preis
1 Rock	29 €
1 Bluse	32 €
1 Jacke	45 €
1 Halstuch	8 €
Summe:	

Die Summen auf den Kassenzetteln sind nicht mehr zu erkennen.
Maria rechnet sie aus und stellt fest:
a) Die Summe auf dem Zettel der Kasse 1 ist um 79 € größer als die Summe auf dem Zettel der Kasse 2.
b) Die Summe auf dem Zettel der Kasse 3 ist das Doppelte der Summe auf dem Zettel der Kasse 2.
c) Die Summe auf dem Zettel der Kasse 3 ist um 25 € kleiner als die Summe auf dem Zettel der Kasse 1.

Überprüfe, ob Maria richtig gerechnet hat.

1 bis 4: Preise der Tafel entnehmen; Aufgaben bilden, lösen und antworten
5: Verschiedene Möglichkeiten nennen   6: Ergebnisse überprüfen

AH 20–21 | **TÜ** 24   **45**

Meter – Zentimeter – Millimeter

1 In welcher Längeneinheit würdest du die wahre Größe der Dinge auf den Bildern angeben? Begründe deine Antworten.

MERKE DIR

Millimeter (mm)	Zentimeter (cm)	Meter (m)
1 mm $\xrightarrow{\cdot 10}$	10 mm = 1 cm $\xrightarrow{\cdot 100}$	100 cm = 1 m

2 Miss die Länge der Strecken. Schreibe so:

$\overline{AB}$ = ☐ cm ☐ mm
$\overline{AB}$ = ☐ mm

3 Zeichne die Strecken in dein Heft.

$\overline{RS}$ = 6 cm, $\overline{TU}$ = 4 cm 6 mm, $\overline{VW}$ = 8 mm, $\overline{YZ}$ = 25 mm, $\overline{MN}$ = 47 mm

4 Miss mit geeigneten Messinstrumenten und gib die genaue Länge an.
a) Länge und Breite deines Mathematikbuches
b) Länge deines Füllers
c) Länge, Breite und Höhe deines Radiergummis
d) Länge, Breite und Höhe deiner Federtasche
e) Länge und Breite deiner Schulbank
f) Länge und Breite deines Klassenraums

Erkunde, was ein Dezimeter (dm) ist!

5 Gib in Millimeter an.
a) 4 cm, 10 cm, 57 cm, 83 cm, 100 cm
b) 4 cm 6 mm, 8 cm 8 mm, 24 cm 2 mm

6 Gib in Zentimeter an.
a) 30 mm, 50 mm, 100 mm
b) 500 mm, 750 mm, 870 mm

7 Eine Zauberblume ist heute 8 cm groß. Sie verdoppelt täglich ihre Größe. Nach wie vielen Tagen ist sie höher als 10 m?

46

1: Größenvorstellungen anwenden   2: Strecken messen   3: Strecken zeichnen   4: Reale Objekte messen
5: Umrechnen in mm   6: Umrechnen in cm   7: Inhalt erfassen; Aufgabe bilden, lösen und antworten

AH 22 | **TÜ** 25

Längenangaben in Kommaschreibweise

1

1 m = 100 cm

a) Vergleiche die Größenangaben der Kinder. Was stellst du fest?

b) Schreibe die Größenangaben in eine Tabelle.

Name	Größe		
Anna	1 m 29 cm	1,29 m	129 cm
Tom			
Lisa			

MERKE DIR

Das Komma trennt Meter und Zentimeter.

m	cm	
1	29	1,29 m
2	5	2,05 m
0	80	0,80 m

2 Ordne die Kinder auf dem Bild nach ihrer Größe.

Beginne mit dem kleinsten Kind.

2 cm = 0,02 m

3 Messt die Körpergröße eurer Mitschüler.

a) Trage die Namen und Messwerte in eine Tabelle ein.

b) Berechne die Differenz zwischen dem größten und dem kleinsten Kind.

c) Was könnte man bei deinem Lernpartner noch messen? Probiert es aus.

4 Schreibe mit Komma.

a) 4 m 52 cm = 4,52 m   b) 3 m 7 cm = 3,07 m

   5 m 26 cm   6 m 5 cm

   4 m 80 cm   35 cm

   12 m 28 cm   40 cm

   150 m 70 cm   2 cm

   832 m 67 cm   5 cm

5 Gib in Zentimeter an.

a) 2,35 m = 235 cm   b) 0,50 m = 50 cm

   6,30 m   0,82 m

   9,99 m   0,75 m

   1,00 m   0,10 m

   4,60 m   0,06 m

   10,13 m   0,01 m

6 Ben ist 140 cm groß, sein Vati 1,86 m. Wie viele Zentimeter muss Ben noch wachsen, damit er genauso groß ist wie sein Vati?

1: Längenangaben erkennen, in die Tabelle einordnen und umrechnen   2: Längenangaben ordnen
3: Kenntnisse über Längen beim Messen, Umrechnen und Rechnen anwenden
4 und 5: Längenangaben umrechnen   6: Inhalt erfassen; Aufgabe bilden, lösen und antworten

AH 22 | TÜ 25   47

1 Vergleiche folgende Längenangaben.
Setze das richtige Zeichen: < = > .

a)
     2,30 m ◯ 2 m
     6,85 m ◯ 6 m 8 cm
     95 cm ◯ 1 m
     60 mm ◯ 60 cm
     4 cm 5 mm ◯ 45 cm

b)
     4,40 m ◯ 400 cm
     3 m 25 cm ◯ 325 cm
     8 cm 2 mm ◯ 80 mm
     5,62 m ◯ 5 m 62 cm
     1,06 m ◯ 1 m

c)
     80 cm ◯ 0,80 m
     4 cm ◯ 4 m
     0,05 cm ◯ 50 cm
     6 cm ◯ 0,60 m
     800 cm ◯ 8 m

2 Ordne folgende Längenangaben der Größe nach. Beginne mit der kleinsten.

a) 3 m 25 cm   352 cm   35,50 m   350 cm   32 m

b) 160 mm   1 m 60 cm   16 m   1,65 m   1 m 6 cm

> **Tipp:**
> Wandle zuerst alle Angaben in **eine** Einheit um.

3 Große und kleine Menschen

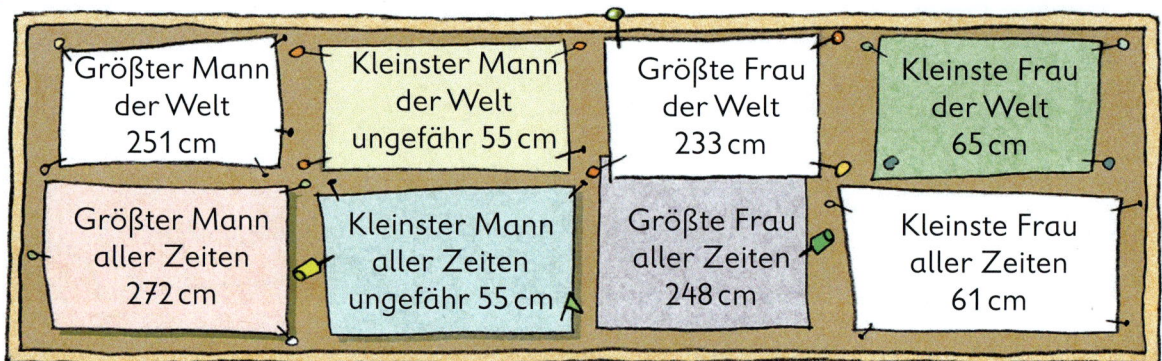

a) Gib alle Längenangaben in Meter an.
b) Stelle Fragen zur Übersicht, rechne und antworte.
c) Zeichnet gemeinsam Strecken mit den Längenangaben auf eine Tapetenrolle.
Nutzt dazu ein Maßband oder den Gliedermaßstab.
Vergleicht die Strecken mit eurer Körpergröße.

4 Schreibe mit Komma.

$\frac{1}{2}$ m = 0,50 m $4\frac{1}{2}$ m $6\frac{1}{2}$ m $10\frac{1}{2}$ m $\frac{1}{2}$ m $2\frac{1}{2}$ m $20\frac{1}{2}$ m

1: Längenangaben umrechnen und vergleichen   2: Längenangaben der Größe nach ordnen
3: Übersicht lesen und darüber sprechen; Längenangaben umrechnen; Sachaufgaben erstellen
und lösen; Strecken zeichnen   4: Angaben mit Brüchen in Kommaschreibweise umwandeln

1 Rechne.

a)	b)	c)	d)
3 m + 1,20 m	4,20 m + 1,30 m	8,90 m − 6,20 m	8 m − 1,40 m
5 m + 3,30 m	6,30 m + 3,20 m	7,80 m − 5,10 m	10 m − 5,20 m
2 m + 3,40 m	1,50 m + 1,50 m	6,50 m − 6,00 m	6 m − 4,60 m
7 m + 0,60 m	6,10 m + 2,80 m	5,70 m − 2,50 m	9 m − 6,70 m
8 m + 1,90 m	5,60 m + 4,40 m	4,40 m − 0,40 m	5 m − 2,40 m

Stelle Fragen, rechne und antworte.

2 Ben möchte für seine Mutti zum Geburtstag einen Bilderrahmen basteln. Der Rahmen soll 30 cm lang und 20 cm breit sein. Er kauft dafür eine Holzleiste von 1 m Länge.

3 Zum Basteln zerschneidet Lisa ein Band von 2 m Länge in vier gleich lange Teile.

4 Max war bei seiner Geburt 50 cm groß. Jetzt ist er dreimal so groß.

5 Anna und Tom messen das Klassenzimmer aus. Sie schreiben auf:
Breite des Zimmers: 9,45 m
Länge des Zimmers: 3,50 m länger als breit

6 Bei den Bundesjugendspielen warf Tom den Schlagball 46,50 m weit. Er hätte gern 50 m erreicht.

7

a)	b)	c)
6,80 m + 2,40 m	7,60 m − 3,80 m	6,50 m + ▢ m = 8,30 m
5,60 m + 2,50 m	9,40 m − 1,60 m	6,90 m + ▢ m = 9,70 m
6,30 m + 2,80 m	3,10 m − 2,90 m	10,50 m − ▢ m = 8,70 m
0,70 m + 0,80 m	6,20 m − 0,70 m	12,50 m − ▢ m = 10,00 m
0,30 m + 3,90 m	12,40 m − 3,70 m	15,30 m − ▢ m = 0,00 m

8 Ein Haar wächst in einer Woche ungefähr 3 mm. Anna möchte sich die Haare länger wachsen lassen.
a) Wie viel Zentimeter sind ihre Haare nach 5 Monaten ungefähr gewachsen?
b) Wie viel Zentimeter sind es ungefähr in einem Jahr?

1: Längenangaben addieren und subtrahieren   2 bis 6: Fragen zu Sachaufgaben finden und diese lösen   7: Längenangaben mit Zehnerüberschreitung addieren und subtrahieren
8: Sachaufgaben lösen

AH 22 | **TÜ** 25   49

Dezimeter

Eine Postkarte ist genau 1 dm breit. Miss nach.

MERKE DIR

Du sprichst: ein Dezimeter
Du schreibst: 1 dm

1 dm = 10 cm
10 dm = 1 m

1 dm

1 Fertige einen Dezimeterstreifen an. Miss damit:

a) die Höhe des Lichtschalters vom Fußboden aus   b) die Breite eines Fensters
c) die Höhe und Breite eines Schrankes   d) die Länge eines Stiftes

2 Nenne Dinge aus dem Klassenzimmer.

a) die kürzer als ein Dezimeter sind
b) die länger als ein Dezimeter sind
c) die ungefähr doppelt so lang wie ein Dezimeter sind

länger als   kürzer als   doppelt so lang

3 Gib in Zentimeter an.

| 4 dm | 3 dm | 10 dm | 9 dm |

4 Gib in Dezimeter an.

| 6 m | 3 m | 10 m | 50 cm | 20 cm | 70 cm |

5 Wie viele Meter sind | 40 dm | 90 dm | 60 dm | 100 dm | 30 dm | 70 dm | 50 dm | ?

6 Immer drei Längenangaben sind gleich. Schreibe sie auf.

| 80 cm   8 cm 8 mm |
| 8 dm |
| 80 m |
| 800 mm |

| 2 m 60 cm |
| 260 cm   26 dm |
| 260 m   20 dm 6 cm |

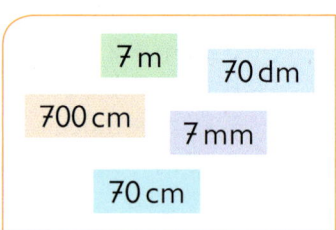

| 7 m   70 dm |
| 700 cm   7 mm |
| 70 cm |

1. 6 · 10   **2.** 30 · 10   **3.** ☐ · 10 = 70   **4.** ☐ : 10 = 2   **WIEDERHOLE**
    8 · 10   50 · 10   ☐ · 10 = 90   ☐ : 10 = 4
    4 · 10   100 · 10   ☐ · 10 = 60   ☐ : 10 = 6

1: Mit dem Dezimeterstreifen messen; Ergebnisse vergleichen; Abweichungen erörtern
2: Dinge nennen und nachmessen   3 bis 5: Umrechnen
50   6: Gleiche Längenangaben erkennen und aufschreiben   **AH** 22

Meter – Dezimeter – Zentimeter – Millimeter

MERKE DIR

Millimeter (mm)		Zentimeter (cm)		Dezimeter (dm)		Meter (m)
1 mm	$\xrightarrow{\cdot 10}$	10 mm = 1 cm	$\xrightarrow{\cdot 10}$	10 cm = 1 dm	$\xrightarrow{\cdot 10}$	10 dm = 1 m

1 Setze das richtige Zeichen: < = > .

a) 70 dm ⬤ 100 cm
  7 dm ⬤ 60 cm
  90 cm ⬤ 9 dm

b) 5 m ⬤ 20 dm
  3 m ⬤ 70 dm
  10 dm ⬤ 100 cm

c) 64 cm ⬤ 6 dm 4 cm
  75 cm ⬤ 5 dm 7 cm
  66 cm ⬤ 5 dm 9 cm

2 Ordne die Längenangaben.

a) Beginne mit der kleinsten Längenangabe.

46 cm	4 dm	2 m	100 m	3,50 m	100 mm	54 dm	10 mm

b) Beginne mit der größten Längenangabe.

80 mm	70 dm	4 m	25 cm	300 m	2,75 m	40 mm	6 dm

3 Zeichne in dein Heft Strecken.

a) $\overline{AB}$ = 2 dm b) $\overline{CD}$ = 10 cm c) $\overline{EF}$ = 1 dm 5 cm d) $\overline{MN}$ = 1 dm 8 cm

4 Wahr oder falsch?

a) Eine Strecke von $\frac{1}{2}$ dm ist kürzer als eine Strecke von 5 cm.

b) Eine Strecke von $\frac{1}{4}$ m ist genauso lang wie eine Strecke von 25 cm.

c) Wenn eine Strecke 20 dm lang ist, dann ist eine Strecke von 40 dm doppelt so lang.

d) Die Hälfte einer Strecke von 60 dm ist 300 cm lang.

5 Ein Teil des Zaunes am Schulgarten wird erneuert. Der Gärtner setzt die Zaunpfähle im Abstand von 2 m. Insgesamt hat er 8 Pfähle gesetzt.

a) Wie lang ist der neue Zaun?
b) Gib den Abstand zwischen zwei Zaunpfählen in dm an.

Tipp:
Fertige eine Skizze an.

Kilometer

1 Was bedeuten die Angaben auf den Wegweisern?
Wo hast du schon ähnliche Schilder gesehen? Erzähle.

2 a) Kennst du Strecken, die etwa 1 km lang sind?
Nenne sie.
b) Wie könnte man diese Strecken messen?

MERKE DIR

Du sprichst: ein Kilometer
Du schreibst: 1 km
1 km = 1000 m

3 Miss von deiner Schule aus eine Strecke
von einem Kilometer ab.
a) Zähle die Schritte.
b) Miss auf dem Rückweg die Zeit,
die du für einen Kilometer brauchst.

2 Schritte sind etwa 1 Meter.

4 Eine Runde auf dem Sportplatz ist
400 m lang. Wie viele Runden sind
dann 1 km?

5 Zu Fuß schafft ein Kind einen Kilometer
in etwa 15 min. Wie viele Kilometer
schafft es dann in einer Stunde?

6 Ordne den Objekten mögliche Längenangaben zu.

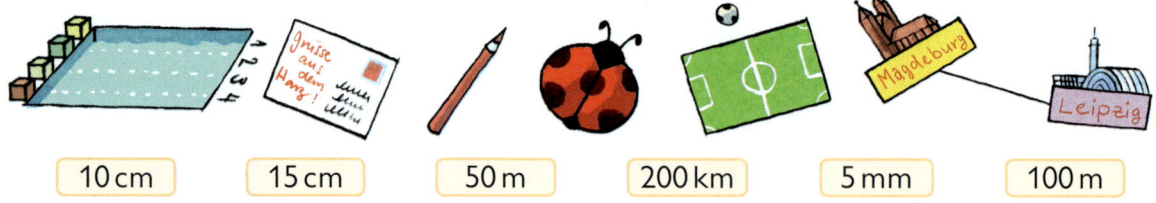

| 10 cm | 15 cm | 50 m | 200 km | 5 mm | 100 m |

7 Welche Einheiten sind für diese Angaben sinnvoll?
a) die Größe einer Biene
b) die Breite einer Tür
c) die Höhe eines Kirchturmes
d) die Länge eines Autos
e) die Entfernung zwischen zwei Orten
f) die Tiefe der Ozeane

Kilometer – Meter – Dezimeter – Zentimeter – Millimeter

MERKE DIR

Kilometer (km)   Meter (m) Dezimeter (dm)   Zentimeter (cm)   Millimeter (mm)
1 km = 1000 m   1 m = 10 dm   1 dm = 10 cm   1 cm = 10 mm
                1 m   =   100 cm

1 Ergänze zu einem Meter.

Schreibe so: 60 cm + ☐ cm = 1 m

60 cm, 80 cm, 25 cm, 89 cm, 8 cm, 2 cm

2 Ergänze zu einem Kilometer.

Schreibe so: 300 m + ☐ m = 1 km

300 m, 200 m, 970 m, 920 m, 50 m, 85 m

3 Vergleiche die Längenangaben.

a) 3 m 65 cm ● 360 cm   b) 4 cm 3 mm ● 34 mm

6,28 m ● 658 m   8,40 m ● 800 cm

42 m ● 4 cm   68 mm ● 6,8 cm

500 m ● $\frac{3}{4}$ km $\frac{3}{4}$ km ● 1000 m

90 dm ● 1 m   600 cm ● 60 dm

MERKE DIR

$\frac{1}{2}$ km = 500 m

$\frac{1}{4}$ km = 250 m

$\frac{3}{4}$ km = 750 m

4 Ordne die Längenangaben. Beginne mit der kleinsten Längenangabe.

a) 3,50 m   b) 45 mm   c) 250 cm
   700 m   4 cm   150 m
   40 m   800 m   5 km
   50 m   6 cm   30 m 65 cm
   80 dm   4 dm   15 dm

5 Addiere. Gib das Ergebnis mit Komma an.

a) 5 m 26 cm + 3 m 35 cm

b) 9 cm 3 mm + 65 cm 5 mm

c) $\frac{3}{4}$ km + 500 m

d) 5,70 m + 16 m 5 cm

6 Die Entfernung von Toms Wohnung zum Sportplatz beträgt $\frac{1}{2}$ km. Wie viele Kilometer legt Tom zurück, wenn er dreimal in der Woche zum Training geht?

7 Beim Weitsprung springt Maria 2,80 m. Anna springt 30 cm kürzer. Wie weit ist Anna gesprungen?

8 Ben hat den Schlagball 35 m weit geworfen. Wenn er noch 3 m weiter werfen würde, dann wäre sein Wurf genau doppelt so weit wie Lisas Wurf. Wie weit hat Lisa geworfen?

1 und 2: Zum Meter/Kilometer ergänzen   3: Längenangaben vergleichen
4: Längenangaben nach Vorschrift ordnen   5: Addieren von Längenangaben
6 bis 8: Inhalt erfassen; Aufgabe finden, lösen und antworten

AH 22 | **TÜ** 26   53

Freundeseiten – Lernen mit dem Partner oder in der Gruppe

1 Stimmt das? Überprüft es gemeinsam.

In unserer Schule gibt es 1000 Treppenstufen.

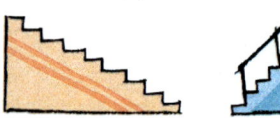

Auf einen Esslöffel passen 1000 Reiskörner.

Eine Seite in unserem Mathematikheft hat 1000 Kästchen.

Ein Tafellineal ist 1000 mm lang.

START Fünf Runden und eine halbe Runde auf dem Sportplatz sind 1000 m lang.

Unser Klassenzimmer hat eine Länge von 1000 cm.

An einem kleinen Tannenzweig sind 1000 Nadeln.

Bis zum Unterrichtsschluss sind es noch 1000 Minuten.

Die Flure unserer Schule sind insgesamt 1000 m lang.

2 **Die größte Summe siegt**

Würfelt mit 5 Würfeln im Wechsel.
Bildet zu den gewürfelten Augenzahlen eine dreistellige Zahl und eine zweistellige Zahl.
Addiert diese beiden Zahlen.
Jedes Kind würfelt sechsmal.
Wer die Aufgabe mit dem größten Ergebnis hat, bekommt einen Punkt.
Sieger ist, wer die meisten Punkte hat.

Beispiel: 642 + 11 = 653

3 **Rechenmauer**

Die Zielzahl soll immer 420 (750, 888) sein.
Findet mehrere Möglichkeiten.

420

750

888

1: Die Angaben gemeinsam durch Zählen, Messen oder Schätzen überprüfen
2: Zahlen bilden; Aufgaben finden und lösen; verschiedene Möglichkeiten besprechen
3: Rechenmauern lösen

1 Lest im Lexikon oder  im Internet nach und findet die Antworten heraus.

Wie lang kann die Zunge einer Giraffe sein?

Wie alt wurde die älteste Aldabra-Riesen-schildkröte?

Wie weit kann ein Eichhörnchen springen?

Wie hoch können Gänse fliegen?

Wie viele Jahre alt kann ein Stör werden?

Wie lang kann der Schnabel eines Storches sein?

Wie tief kann ein Pottwal tauchen?

Wie groß ist eine Ameise?

Wie hoch kann ein Riesenkänguru springen?

2 **Die kleinste Differenz gewinnt**

Die Ziffernkarten von 1 bis 9 liegen verdeckt auf dem Tisch.
Du ziehst 5 Karten und legst damit eine dreistellige und eine zweistellige Zahl.
Dann substrahierst du diese Zahlen.
Die gezogenen Karten werden zurückgelegt
und mit den anderen Karten gemischt.
Nun zieht ein anderes Kind 5 Karten.
Sieger ist, wer das kleinste Ergebnis hat.

Beispiel: 132 − 54 = 78

2. Schnitt

1. Schnitt

3 **Eine Pizza zerlegen**

Ben zerlegt seine Pizza mit 3 geraden Schnitten in 7 Teile.
Lisa zerlegt ihre Pizza mit 4 geraden Schnitten in 11 Teile.
Macht es nach. Zeichne einen Kreise mit r = 4 cm.
Zeichne 3 Geraden so ein, dass 7 Teile entstehen. Dein Lernpartner zeichnet nun eine vierte Gerade so ein, dass insgesamt 11 Teile entstehen.

Tipp: Die Form und Größe der Teile sind verschieden.

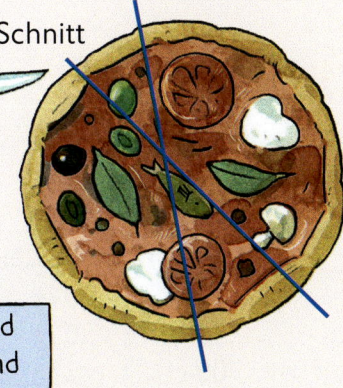

1: Hinweis zur Antwortfindung: die Frage im Internet eingeben und nach der Antwort suchen
2: Subtraktionsaufgaben bilden und lösen; Ergebnisse vergleichen
3: Kreis mit gegebener Anzahl von Geraden zerlegen

Kann ich das schon?

1 Ordne die Zahlen.

a) Beginne mit der kleinsten Zahl.

343 433 334 444 434

443 344 451 333

b) Beginne mit der größten Zahl.

919 199 991 911 119

404 999 410 111

2 Zahlenrätsel

> Meine Zahl liegt zwischen 220 und 230. Hunderter, Zehner und Einer sind gleich.

> Meine Zahl liegt zwischen 220 und 233. Der Einer ist 4.

> Die Zahlen liegen zwischen 490 und 510. Der Zehner und der Einer sind gleich.

3 Wie viel Geld bekommst du zurück?

Preis	du bezahlst mit	du bekommst zurück
20,50 €	20 20	
3,75 €	10	
182,35 €	100 50 50	

4 Ergänze.

a) zum nächsten Zehner

$375 + 5 = 380$

$126 + \square = \square$

$888 + \square = \square$

$563 + \square = \square$

b) zum nächsten Hunderter

$240 + 60 = 300$

$189 + \square = \square$

$845 + \square = \square$

$763 + \square = \square$

c) zum Tausender

$300 + 700 = 1\,000$

$600 + \square = 1\,000$

$230 + \square = 1\,000$

$140 + \square = 1\,000$

5
a) 234 + 4
234 + 40
234 + 400

b) 112 + 6
112 + 60
112 + 600

c) 539 − 3
539 − 30
539 − 300

d) 392 − 2
392 − 20
392 − 200

6 Setze das richtige Zeichen: < = > .

a) 0,75 € ⬤ 60 ct
0,50 € ⬤ 50 ct
900 ct ⬤ 2 €
7,25 € ⬤ 500 ct

b) 3 m ⬤ 200 cm
650 cm ⬤ 6,50 m
67 mm ⬤ 7 cm
8,5 cm ⬤ 85 mm

c) 90 mm ⬤ 9 cm
320 m ⬤ 1 km
4,75 m ⬤ 400 cm
0,75 m ⬤ 75 cm

7 | Rechne. Überprüfe mit der Umkehraufgabe.
a) 219 + 36   b) 192 − 74   c) 918 + 18   d) 993 − 29

8 | Vervollständige die Aufgabenfolgen. Rechne.

a) 900 − 25
   890 − 30
   880 − 35
   ▢ − ▢
   ▢ − ▢

b) 852 − 46
   850 − 36
   848 − 26
   ▢ − ▢
   ▢ − ▢

c) 123 + 69
   125 + 59
   127 + 49
   ▢ + ▢
   ▢ + ▢

d) 212 + 61
   323 + 52
   434 + 43
   ▢ + ▢
   ▢ + ▢

9 | Die Schule „Am Park" hatte zum Beginn des Schuljahres 487 Schüler. Während des Schuljahres sind 43 Kinder weggegangen. Wie viele Schüler hat die Schule noch?

10 | Max war mit seinen Freunden auf einer Radtour. Beim Start stand sein Kilometerzähler auf 124 km. Am Ende der Radtour zeigte der Kilometerzähler 139 km an. Wie viele Kilometer ist er gefahren?

11 |
a) 274 − 33
   989 − 57
   122 − 11

b) 865 − 43
   466 − 33
   595 − 52

c) 514 + 53
   724 + 24
   312 + 87

d) 126 + 73
   633 + 33
   422 + 22

12 |

432 → + 19 → ▢ → − 36 → ▢ → + 82 → ▢ → − 79 → ▢ → + 55 → ▢

▢ ← − 52 ← ▢ ← + 68 ← ▢ ← − 28 ← ▢ ← − 47 ← ▢ ← + 18 ← ▢

13 | Zeichne eine Strecke $\overline{AB}$ = 55 mm. Zeichne mit dem Geodreieck zu dieser Strecke zwei parallele Strecken $\overline{EF}$ = 7 cm und $\overline{MN}$ = 4,5 cm.

14 | Überprüfe mit dem Geodreieck.
a) Welche Strecken sind zueinander senkrecht?
b) Welche Strecken sind zueinander parallel?

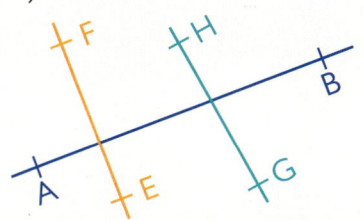

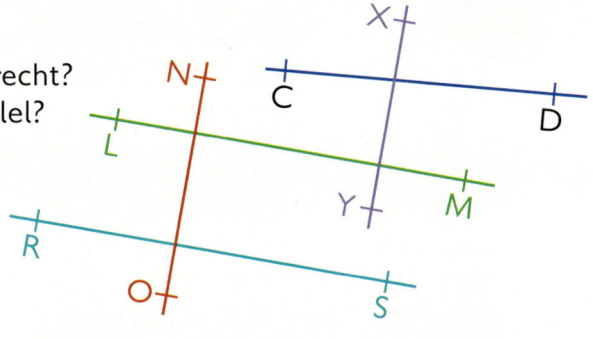

1 Erkläre, wie Max und Anna rechnen.

Ich zerlege den 2. Summanden in Hunderter und Zehner und addiere.

250 + 180

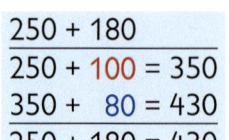

Ich zerlege beide Summanden in Hunderter und Zehner und addiere.

250 + 180		250 + 180
250 + 100 = 350		200 + 100 = 300
350 + 80 = 430		50 + 80 = 130
250 + 180 = 430		300 + 130 = 430
		250 + 180 = 430

+ 100   + 80

200   250   300   350   400   430   500

2 a) 270 + 180   b) 450 + 270
   340 + 170   630 + 280
   620 + 290   770 + 170
   490 + 260   360 + 450
   540 + 370   570 + 340

3 280 + 150
   260 + 170
   240 + 190
   ▪ + ▪
   ▪ + ▪

4

		210
420	50	

5 Erkläre, wie die Kinder rechnen.

Ich tausche 1 H in 10 Z. Dann subtrahiere ich die H und danach die Z.

330 − 160

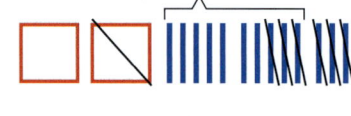

Ich tausche 1 H in 10 Z. Ich subtrahiere zuerst die Z und dann die H.

330 − 160		330 − 160
330 − 100 = 230		330 − 60 = 270
230 − 60 = 170		270 − 100 = 170
330 − 160 = 170		330 − 160 = 170

 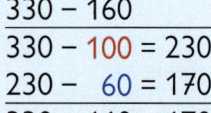 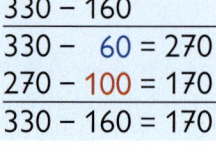

− 60   − 100

100   170   200   230   300   330   400

6 a) 720 − 160   b) 780 − 290
   540 − 170   650 − 380
   420 − 260   910 − 540
   930 − 480   320 − 160
   750 − 220   660 − 380

7 850 − 220
   830 − 240
   810 − 260
   ▪ − ▪
   ▪ − ▪

8

830	
	570

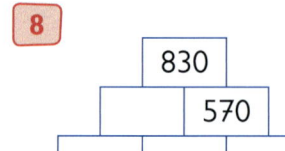

1 und 5: Verschiedene Lösungswege erkennen und über sie sprechen   2 und 6: Additions- und
Subtraktionsaufgaben lösen   3 und 7: Aufgaben lösen und Reihe fortsetzen
4 und 8: Rechenmauern lösen

Addieren mit dreistelligen Zahlen

1 Erkläre, wie Max und Anna rechnen.

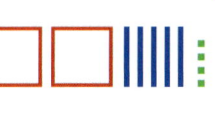

Ich zerlege erst den 2. Summanden und addiere dann H, Z und E.

$254 + 367$

Ich zerlege beide Summanden und addiere erst die H, dann die Z und danach die E. Nun addiere ich alle Ergebnisse.

```
254 + 367
254 + 300 = 554
554 +  60 = 614
614 +   7 = 621
254 + 367 = 621
```

```
254 + 367
200 + 300 = 500
 50 +  60 = 110
  4 +   7 =  11
500 + 110 + 11 = 621
254 + 367 = 621
```

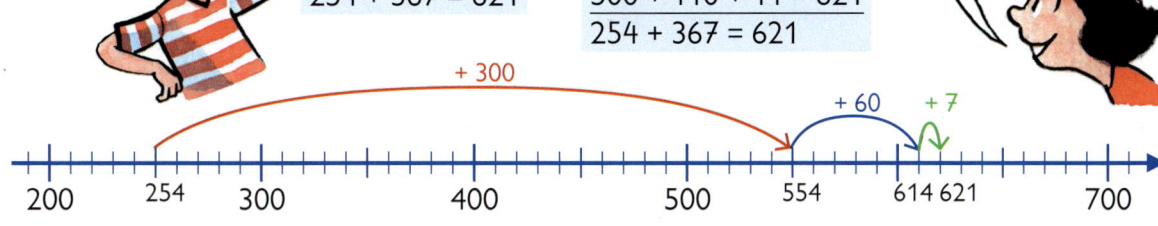

2 Findest du noch einen anderen Rechenweg? Lege und rechne.
a) $283 + 338$ b) $539 + 293$ c) $195 + 347$ d) $234 + 389$

3
a) $258 + 354$
$622 + 369$
$452 + 537$
$658 + 132$
$713 + 164$

b) $654 + 265$
$339 + 481$
$563 + 254$
$453 + 277$
$653 + 176$

4 $236 + 385$
$685 + 257$
$154 + 577$
$287 + 354$
$678 + 254$

| 612 | 730 | 790 | 817 | 820 |
| 829 | 877 | 919 | 989 | 991 |

| 621 | 641 | 731 | 932 | 942 |

5
a) $620 + 190$
$520 + 290$
$420 + 390$
▢ + ▢
▢ + ▢

b) $779 + 131$
$669 + 241$
$559 + 351$
▢ + ▢
▢ + ▢

6 $437 + 299$
$298 + 456$
$344 + 199$
$255 + 398$
$197 + 456$

Tipp:
Rechenvorteile nutzen:
$299 = 300 - 1$
$298 = 300 - 2$
$297 = ▢ - ▢$

7 a) Berechne die Summe aus den Summanden 258 und 364.
b) Ein Summand ist 436.
Der andere Summand ist um 100 größer.
Wie groß ist die Summe?

8 Im Zirkuszelt sitzen schon 364 Besucher. Vor dem Zelt stehen noch 176 Besucher.
Wie viele Besucher sind das insgesamt?

1: Rechenwege erkennen und darüber sprechen   2: Mit Systemmaterial legen und rechnen
3 bis 5: Additionsaufgaben lösen   6: Rechenvorteile erkennen   7 und 8: Inhalt erfassen;
Aufgaben finden, lösen und antworten

AH 24 | TÜ 28   59

Subtrahieren mit dreistelligen Zahlen

1 Was macht Anna beim Rechnen anders als Max?

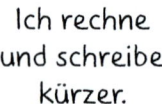

Ich subtrahiere die Hunderter, die Zehner und die Einer.

486 – 154

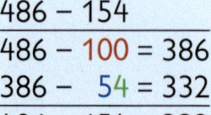

Ich rechne und schreibe kürzer.

```
486 – 154
486 – 100 = 386
386 –  50 = 336
336 –   4 = 332
486 – 154 = 332
```

```
486 – 154
486 – 100 = 386
386 –  54 = 332
486 – 154 = 332
```

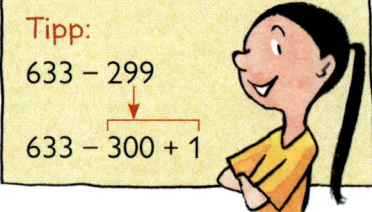

2 Wie rechnest du?
a) 654 – 323   b) 863 – 632   c) 479 – 267   d) 587 – 356

3
a) 652 – 331
974 – 653
855 – 514
736 – 224
329 – 118

b) 867 – 547
593 – 393
642 – 231
576 – 354
385 – 161

4
635 – 216
943 – 740
865 – 258
656 – 348
533 – 328

```
☐  200  211  222  224  320
   321  321  341  411  512
☐  205  203  308  419  607
```

5
845 – 34
756 – 35
667 – 36
☐ – ☐
☐ – ☐

6
884 – 653
774 – 543
664 – 433
☐ – ☐
☐ – ☐

7
633 – 299
355 – 198
856 – 598
579 – 399
733 – 297

Tipp:
633 – 299
↓
633 – 300 + 1

8 Berechne die Differenz aus 354 und 123. Überprüfe mit der Umkehraufgabe.

9

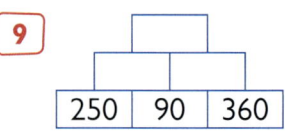

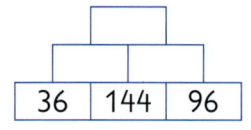

10

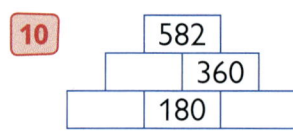

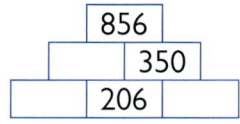

60

1: Rechenwege erkennen und darüber sprechen   2: Mit Systemmaterial legen und rechnen
3 bis 6: Subtrahieren   7: Rechenvorteile erkennen   8: Zahlenrätsel lösen
9 und 10: Rechenmauern lösen

AH 24 | TÜ 28

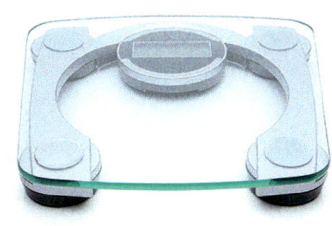

MERKE DIR

Die Masse (das Gewicht) wird in Kilogramm (kg) oder Gramm (g) gemessen.

$$1\,kg = 1000\,g$$

1 Welche Waage eignet sich am besten, um folgende Dinge zu wiegen? Schätze zuerst, dann überprüfe mit der entsprechenden Waage.

a) dein Mathematikbuch b) einen Brief c) ein Schulkind

d) dein Pausenbrot e) einen Schulranzen f) deinen Füller

2 Um Massen richtig schätzen zu können, helfen uns Vergleichswerte.

$1\,kg = 1000\,g$ $500\,g = \frac{1}{2}\,kg$ $250\,g = \frac{1}{4}\,kg$ $100\,g$ $50\,g$ $30\,g$ $1\,g$

Wiege nach und finde weitere Dinge, die die gleiche Masse haben.

3 Ordne zu.

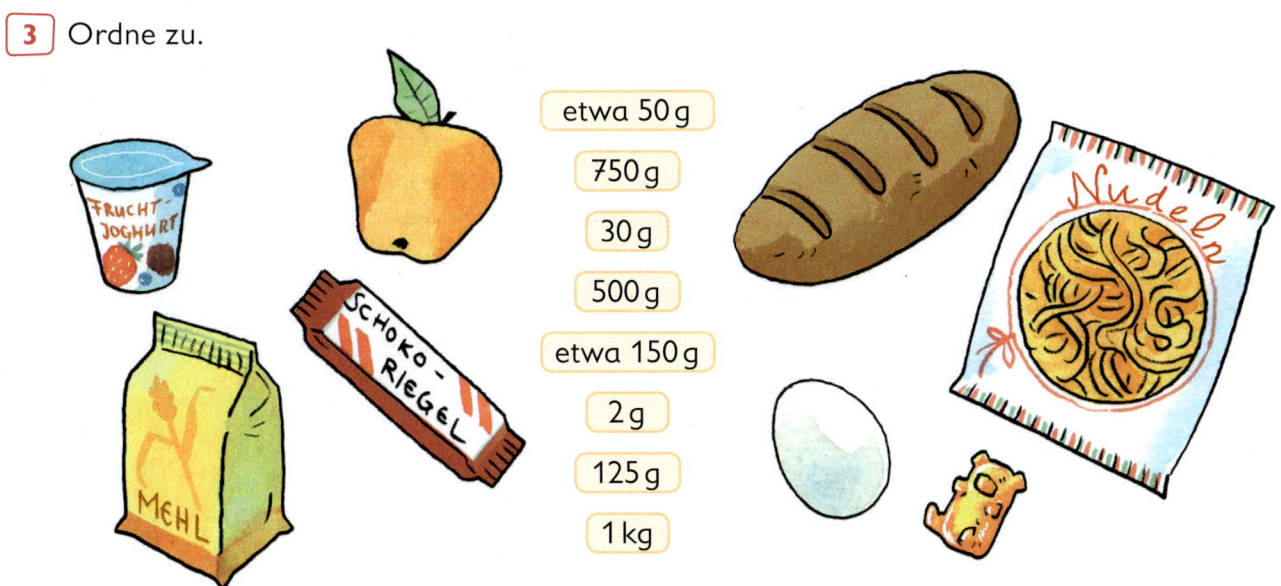

etwa 50 g

750 g

30 g

500 g

etwa 150 g

2 g

125 g

1 kg

1 Ergänze zu 1 kg.   Schreibe so: $\boxed{320\,g + \boxed{\ } g = 1\,kg}$

a) 320 g
 450 g
 680 g
 570 g
 $\frac{1}{2}$ kg

b) 553 g
 604 g
 $\frac{1}{4}$ kg
 815 g
 486 g

c) 165 g
 67 g
 $\frac{3}{4}$ kg
 7 g
 1000 g

MERKE DIR

$\frac{1}{2}$ kg = 500 g

$\frac{1}{4}$ kg = 250 g

$\frac{3}{4}$ kg = 750 g

2 Gib in Kilogramm an.

1000 g, 500 g, 750 g, 250 g

3 Gib in Gramm an.

4 kg, 6 kg, 8 kg, 2 kg, 10 kg, 3 kg, 9 kg

4 Berechne, wie viel jeweils 1 kg kostet.

5 Rechne.

Rechne erst in g um.

a) 1 kg − $\frac{1}{2}$ kg
 1 kg − $\frac{1}{4}$ kg
 1 kg − $\frac{3}{4}$ kg

b) $\frac{1}{2}$ kg + $\frac{1}{2}$ kg
 $\frac{1}{4}$ kg + $\frac{1}{2}$ kg
 $\frac{3}{4}$ kg + $\frac{1}{4}$ kg

c) $\frac{3}{4}$ kg − $\frac{1}{4}$ kg
 $\frac{1}{2}$ kg − $\frac{1}{2}$ kg
 $\frac{1}{2}$ kg − $\frac{1}{4}$ kg

6 Maria und ihre Familie fahren in den Urlaub.
Ihr Auto darf 410 kg zuladen. Maria wiegt 28 kg,
ihre Mutter 62 kg und ihr Vater 90 kg.

a) Wie viele Kilogramm wiegen Maria und ihre Eltern zusammen?
b) Wie viele Kilogramm Gepäck dürfen sie noch mitnehmen?

7 Anna und ihre Mutter wiegen zusammen 90 kg.
Die Mutter wiegt doppelt so viel wie Anna.

WIEDERHOLE

1. 430 + 450
 512 + 310
 650 + 245

2. 250 + $\boxed{\ }$ = 900
 370 + $\boxed{\ }$ = 700
 750 + $\boxed{\ }$ = 1000

3. 1000 − 250
 900 − 630
 1000 − 500

4. 1000 − $\boxed{\ }$ = 500
 500 − $\boxed{\ }$ = 250
 1000 − $\boxed{\ }$ = 250

1: Zu 1 kg ergänzen (geläufige Brüche kennen lernen und verwenden)
2 und 3: Größenangaben umwandeln   4 und 5: Mit Größenangaben rechnen
6 und 7: Kenntnisse über Einheiten der Masse in Sachsituationen anwenden

| 1 l | $\frac{1}{2}$ l | $\frac{1}{4}$ l | 5 l | 10 l | 1 000 l |

Rauminhalte werden in Liter angegeben.　Du sprichst:　ein Liter
Du schreibst:　1 l

MERKE DIR

1 Wie viele kleine, mittlere oder große Gläser kannst du mit dem Inhalt
des Messbechers füllen?
Schätze zuerst und überprüfe dann.
Fertige dir dazu eine Tabelle an.

Glas	Anzahl der gefüllten Gläser	
	geschätzt	gemessen
klein		
mittel		
groß		

2 Ein Wassertank enthält 100 l.
a) Wievielmal kann man einen 10-Liter-Eimer füllen, bis der Tank leer ist?
b) Wie viele Liter sind noch im Tank, wenn er nur halb voll ist?

3 Wie viele Liter sind es zusammen?
a)　　　　b)　　　　c)

4 In jeder Packung ist $\frac{1}{4}$ l Saft.
Wie viele Liter sind es zusammen?
a)　　　　b)

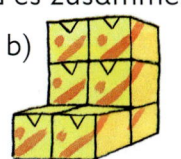

5 In einem Weinfass waren 100 l. Der Winzer hat 17 Flaschen zu
je 1 Liter und 18 Flaschen zu je einem halben Liter abgefüllt.
Wie viele Liter Wein sind noch im Fass?

1: Schätzen; Anzahl der Becher ermitteln   2: Inhalt erfassen; Aufgaben finden, lösen und antworten
3 bis 5: Anzahl der Liter berechnen

AH 26　　**63**

Überschlagsrechnung

14,80 €

6,30 €

83,50 €

16,70 €

1 Max und Ben wünschen sich für das neue Schuljahr einen Füller, eine Federmappe, eine Brotbüchse und einen Ranzen.
Sie überschlagen, wie viel ihre Eltern dafür bezahlen müssen.

Artikel	Preis	Überschlag	
		Max	Ben
Ranzen	83,50 €	80 €	90 €
Füller	14,80 €	15 €	20 €
Federmappe	16,70 €	20 €	20 €
Brotbüchse	6,30 €	5 €	10 €
gesamt		ungefähr 120 €	ungefähr 140 €

a) Warum haben die Kinder unterschiedliche Überschläge?

b) Berechne, wie viel die Eltern bezahlen müssen, und vergleiche mit den geschätzten Geldbeträgen.

c) Wer hat besser geschätzt, Max oder Ben? Begründe.

2 Überschlage, ob das Geld für den Einkauf reicht.

a) Familie Müller hat 500 €.
Sie will für 312 € Kleidung und für 112 € Lebensmittel kaufen.

b) Familie John kauft für 212,98 € zwei Ranzen und für 128,31 € Schuhe.
Sie hat 350 € eingesteckt.

3 Schreibe die benachbarten Vielfachen von 100 auf.
Unterstreiche die Hunderterzahl, die am nächsten liegt.
Schreibe so: <u>300</u> 344 400

a) 448
374
567
841

b) 612
351
739
686

c) 358
623
451
895

4 Schreibe die benachbarten Vielfachen von 10 auf.
Unterstreiche die Zehnerzahl, die am nächsten liegt.
Schreibe so: 610 617 <u>620</u>

a) 438
622
198
341

b) 756
335
669
815

c) 623
485
326
152

5 Überschlage.

a) Schreibe so:
600 + 100 + 200 = 900

612 + 138 + 198
433 + 161 + 312
198 + 278 + 335
601 + 181 + 123

b) Schreibe so:
140 + 360 + 250 = 750

142 + 363 + 245
486 + 132 + 269
339 + 216 + 149
826 + 93 + 16

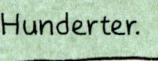

Tipp:
Bei 5, 15, 25 …
nimm den nächsten Zehner.
Bei 50, 150, 250 …
nimm den nächsten Hunderter.

1 Für die Bepflanzung der Blumenbeete im Stadtpark lieferte die Gärtnerei 246 Pflanzen. In einer Nachlieferung kamen nochmals 352 Pflanzen. Wie viele Pflanzen wurden insgesamt ausgeliefert?

$246 + 352 = $

Lege.

Trage die Zahlen in die Stellenwerttafel ein.

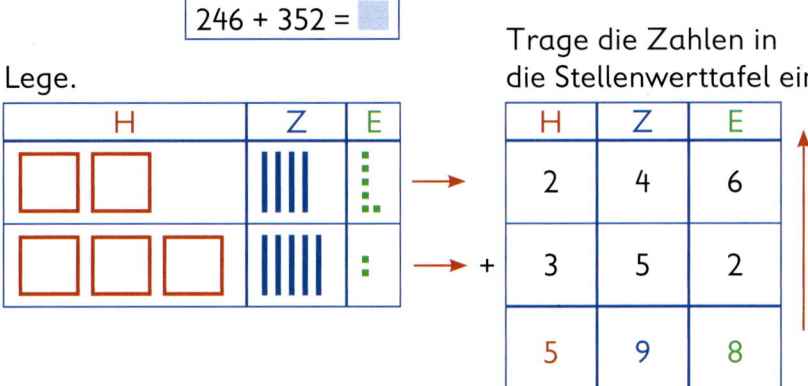

Rechne von unten nach oben. Beginne mit den Einern.

$2 + 6 = 8$, schreibe 8

$5 + 4 = 9$, schreibe 9

$3 + 2 = 5$, schreibe 5

Antworte.

2 Lege und rechne.

a) H Z E	b) H Z E	c) H Z E	d) H Z E	e) H Z E
3 2 1	2 5 4	5 2 1	5 4 6	7 8 8
+ 4 6 3	+ 7 2 5	+ 1 6 4	+ 2 5 3	+ 2 1 0

Tipp:
Rechne bei der Kontrolle von oben nach unten.

3

a) 341	b) 628	c) 521	d) 546	e) 666	f) 322
+ 254	+ 341	+ 164	+ 253	+ 323	+ 466

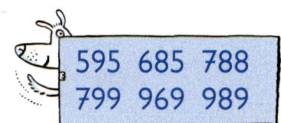

595 685 788
799 969 989

4 Schreibe erst die Summanden stellengerecht untereinander, addiere dann.

a) 624 + 263   b) 513 + 376   c) 536 + 453   d) 243 + 754   e) 435 + 541
452 + 236   418 + 481   126 + 712   384 + 413   666 + 222
571 + 128   625 + 344   589 + 410   260 + 527   164 + 135

299 688 699 787 797 838 887 888 889 899 969 976 989 997 999

WIEDERHOLE

1. 22 + 7   2. 30 + 6   3. 43 + 10   4. 63 + 21   5. 77 + 22
   36 + 3   50 + 9   12 + 20   41 + 33   12 + 17
   41 + 6   70 + 7   11 + 40   66 + 12   53 + 35

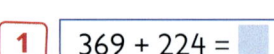

Addieren mit Übertrag

Tipp:
13 E = 1 Z 3 E

1 | 369 + 224 = ▮

So kannst du arbeiten:
Lege erst. Rechne dann.

Lege:

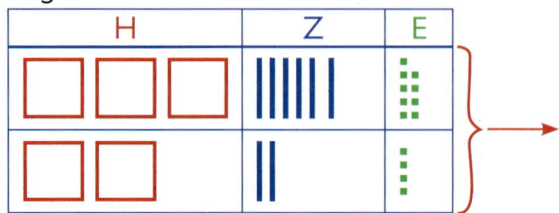

H	Z	E

zusammen:

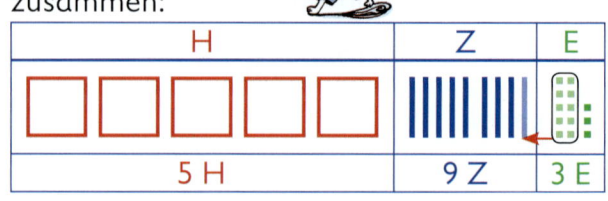

H	Z	E
5 H	9 Z	3 E

Trage die Zahlen in die Stellenwerttafel ein.

	H	Z	E
	3	6	9
+	2	2	4
		1	
	5	9	3

Rechne von unten nach oben.
Beginne mit den Einern.

4 + 9 = 13, schreibe 3 und übertrage 1
1 + 2 + 6 = 9, schreibe 9
2 + 3 = 5, schreibe 5

Vergiss den Übertrag nicht!

2 Lege, rechne und kontrolliere.

Denke daran: Rechne bei der Kontrolle von oben nach unten.

a) H Z E
   3 2 7
+ 4 3 5

b) H Z E
   2 5 8
+ 4 2 3

c) H Z E
   6 3 5
+ 1 2 6

d) H Z E
   1 6 7
+ 4 2 5

e) H Z E
   5 1 7
+ 2 7 6

3 Rechne schriftlich.

a) 154 + 237
627 + 158
456 + 239

b) 238 + 525
647 + 144
823 + 137

c) 254 + 137
648 + 247
319 + 478

d) 409 + 176
358 + 106
429 + 347

e) 321 + 298
493 + 264
238 + 549

391 391 464 585 619 695 757 763 776 785 787 791 797 895 960

4 Die Besucherzahlen des Indianermuseums in einer Woche:

	Mo.	Di.	Do.	Fr.	Sa.	So.
vormittags	119	128	206	208	323	447
nachmittags	164	145	238	338	409	368

a) An welchem Tag waren die meisten Besucher da?

b) Stimmt es, dass am Donnerstag doppelt so viele Besucher da waren wie am Dienstag?

1: Zahlen addieren; Rechenverfahren nachvollziehen   2 und 3: Addieren
4: Inhalt erfassen; Aufgaben finden und lösen

1 Bilde zuerst einen Überschlag, addiere dann.

Ü: 400 + 200 = 600
```
   375
+  217
     1
  ____
   592
```

a) 364 + 427
605 + 278
418 + 63
549 + 363
652 + 109

b) 655 + 248
418 + 298
136 + 309
250 + 578
725 + 196

c) 659 + 173
564 + 278
773 + 159
359 + 476
352 + 279

2
Addiere 625 und 127.

Berechne die Summe aus 376 und 455.

Die Summanden heißen 492 und 132. Wie heißt die Summe?

Das Doppelte von 327 ist gesucht.

Berechne die Summe aus 628 und 149.

Addiere zu 316 425 und 138.

3
a) 623
+ 135
+ 215

b) 243
+ 218
+ 326

c) 125
+ 387
+ 92

d) 540
+ 182
+ 209

e) 644
+ 77
+ 163

f) 328
+ 293
+ 142

Summand
Summe

4 Drei Kinder haben falsch gerechnet. Finde die Fehler und berichtige sie.

```
   624          436          336          228          173          338
+   78          158        + 109        +   93        + 291        + 290
+  103        + 234        + 293        + 432        + 456        + 376
 _____        _____        _____        _____        _____       _____
   705          828          738          743          910         1004
```

Schreibe die Summanden richtig untereinander. Addiere dann.

5 472 + 92 + 104
358 + 232 + 219
663 + 83 + 48

6 245 + 113 + 238
323 + 254 + 107
603 + 283 + 112

7 287 + 96 + 347
385 + 279 + 137
404 + 390 + 389

Überschlage.   Rechne im Kopf.   **WIEDERHOLE**

1. 638 + 254   2. 654 + 198   3. 620 + 190   4. 190 + 250
   432 + 167   782 + 210   340 + 280   620 + 270
   894 + 105   579 + 193   130 + 450   270 + 260

Subtrahieren ohne Übertrag – Ergänzen

1 Familie Fröhlich fährt mit dem Auto zum Wochenendausflug nach Schwerin. Das ist eine Strecke von 369 km. Nach einer Fahrstrecke von 232 km wird Pause gemacht. Wie viele Kilometer sind dann noch zu fahren?

369 km − 232 km = ▢ km

Lege.

H	Z	E
▢ ⟋ ⟋	⼁⼁⼁⼁⼁⼁	⦂

Antworte.

Trage die Zahlen in die Stellenwerttafel ein.

H	Z	E
3	6	9
− 2	3	2
1	3	7

Beginne beim Rechnen mit den Einern.

2 + 7 = 9, schreibe 7
3 + 3 = 6, schreibe 3
2 + 1 = 3, schreibe 1

2 Lege und rechne.

a)
```
H Z E
8 3 6
−7 2 5
```
b)
```
H Z E
4 3 7
−2 1 6
```
c)
```
H Z E
6 5 9
−1 4 8
```
d)
```
H Z E
7 9 3
−5 4 1
```
e)
```
H Z E
8 6 9
−2 5 4
```
f)
```
H Z E
4 2 8
−2 0 6
```

3 Rechne und kontrolliere.

```
  476    K:  221
− 255      + 255
  221        476
```

a)
```
  573
− 252
```
b)
```
  496
− 185
```
c)
```
  697
− 543
```
d)
```
  859
− 736
```
e)
```
  382
− 171
```

4 Rechne schriftlich und kontrolliere mit der Umkehraufgabe.

a) 683 − 571
497 − 186
369 − 254
857 − 46

b) 576 − 143
987 − 64
367 − 156
879 − 655

c) 593 − 502
825 − 613
745 − 22
967 − 705

d) 989 − 189
675 − 525
479 − 170
777 − 57

Aufpassen! Die Zahlen richtig untereinanderschreiben.

WIEDERHOLE

1. 6 + ▢ = 13
8 + ▢ = 14
9 + ▢ = 17

2. 5 + ▢ = 11
9 + ▢ = 12
8 + ▢ = 15

3. 4 + ▢ = 11
8 + ▢ = 17
9 + ▢ = 16

4. 6 + ▢ = 14
8 + ▢ = 17
5 + ▢ = 13

1: Aufgabe legen, Darstellung in der Stellenwerttafel und Ergänzungsverfahren erfassen
2 bis 4: Subtrahieren, mit der Umkehraufgabe kontrollieren

1 In der neu eröffneten Schülerbücherei gibt es 487 Märchenbücher. Zum Ferienbeginn wurden davon 275 Bücher ausgeliehen. Wie viele Bücher können noch ausgeliehen werden?

$487 - 275 = \quad$

Lege.

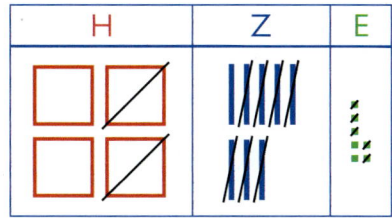

H	Z	E

Antworte.

Trage die Zahlen in die Stellenwerttafel ein.

	H	Z	E
	4	8	7
−	2	7	5
	2	1	2

Beginne beim Rechnen mit den Einern.

7 − 5 = 2, schreibe 2

8 − 7 = 1, schreibe 1

4 − 2 = 2, schreibe 2

2 Lege und rechne.

a)
```
H Z E
6 8 3
− 4 2 1
```
b)
```
H Z E
5 9 4
− 3 2 1
```
c)
```
H Z E
4 7 9
− 1 6 8
```
d)
```
H Z E
9 6 2
− 6 5 1
```
e)
```
H Z E
8 7 5
− 6 5 4
```
f)
```
H Z E
9 7 6
− 8 5 3
```

3 Rechne. Kontrolliere dann mit der Umkehraufgabe.

a) 638 − 217
459 − 148
837 − 626
694 − 582
976 − 865

b) 789 − 478
358 − 247
697 − 486
871 − 521
534 − 202

c) 674 − 354
847 − 35
354 − 242
531 − 211
690 − 281

d) 999 − 187
788 − 456
896 − 475
789 − 439
929 − 520

4 Subtrahiere 322 von 876.

Bilde die Differenz aus 783 und 652.

Der Minuend heißt 937, der Subtrahend 625. Wie heißt die Differenz?

5 Bilde einen Überschlag, rechne dann und kontrolliere.

```
Ü: 400 − 200 = 200
   397      K:   211
 − 186         + 186
 ───────       ───────
   211           397
```

a) 468 − 257
543 − 331
876 − 542
657 − 434
735 − 514

b) 897 − 654
741 − 321
953 − 832
679 − 543
938 − 628

c) 498 − 207
954 − 853
852 − 612
595 − 491
796 − 503

101	104	121
136	211	212
221	223	240
243	291	293
310	334	420

Subtrahieren mit Übertrag – Ergänzen

1 Lege und sprich dazu.

$$576 - 258 = \boxed{}$$

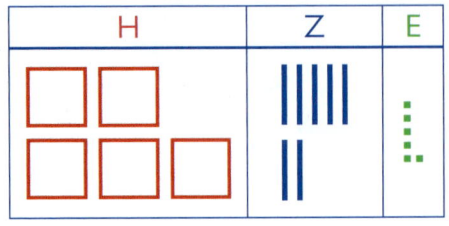

H	Z	E

$-258 \longrightarrow$

Es bleiben übrig:

	H	Z	E
	3 H	1 Z	8 E

Schreibe in eine Stellenwerttafel.

	H	Z	E
	5	7	6
−	2	5	8
		1	
	3	1	8

Rechne so:

8 + ▢ = 6 geht nicht, rechne dann
8 + 8 = 16, schreibe 8 und übertrage 1
an die nächste Stelle
1 + 5 + 1 = 7, schreibe 1
2 + 3 = 5, schreibe 3

Tipp: Du musst 1 Z in 10 E umtauschen.

2 Lege und rechne.

a)
```
H Z E
6 8 4
-2 6 7
```

b)
```
H Z E
7 3 5
-5 1 7
```

c)
```
H Z E
9 7 4
-5 4 9
```

d)
```
H Z E
8 6 5
-4 3 8
```

e)
```
H Z E
7 5 7
-4 7 5
```

f)
```
H Z E
5 4 5
-2 7 2
```

3 Rechne und kontrolliere mit der Umkehraufgabe.

```
   672      K:   237
 - 435         + 435
     1             1
   237           672
```

a)
```
 634
-218
```

b)
```
 895
-617
```

c)
```
 573
-148
```

d)
```
 673
-245
```

e)
```
 724
-382
```

f)
```
 823
-591
```

Rechne schriftlich und kontrolliere mit der Umkehraufgabe.

4
753 − 416
592 − 364
828 − 554
376 − 157
428 − 153

5
831 − 470
527 − 336
254 − 87
583 − 291
611 − 370

6
843 − 564
705 − 437
842 − 563
964 − 708
506 − 228

7
654 − 357
863 − 695
754 − 246
860 − 671
705 − 599

8 Der Tageskilometerzähler eines Autos zeigt bei der Abfahrt 484 km und bei der Ankunft 671 km.

1: Aufgabe legen und rechnen (Ergänzen); Vorgehen beim Übertrag verstehen   2 bis 7: Subtrahieren; Kontrolle mit der Umkehraufgabe   8: Inhalt erfassen; Aufgabe finden, lösen und antworten

Subtrahieren mit Übertrag – Abziehen

1 Lege und sprich dazu.

$475 - 258 =$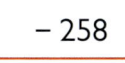

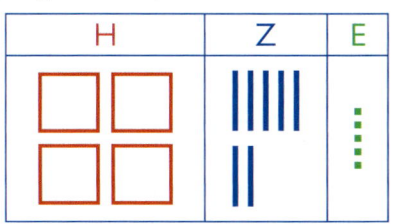

$- 258 \longrightarrow$

Es bleiben übrig:

H	Z	E
2 H	1 Z	7 E

Schreibe in eine Stellenwerttafel.

	H	Z	E
	4	7^6	5^{15}
−	2	5	8
	2	1	7

Rechne so:

5 – 8   geht nicht. Tausche 1 Z in 10 E.
          Nun sind es 6 Z und 15 E.
15 – 8 = 7, schreibe 7
6 – 5 = 1, schreibe 1
4 – 2 = 2, schreibe 2

Tipp:
Du musst
1 Z in 10 E
umtauschen.

2 Lege und rechne.

a)
```
H Z E
8 4 2
− 5 2 5
```

b)
```
H Z E
4 6 4
− 1 4 7
```

c)
```
H Z E
7 8 4
− 4 4 8
```

d)
```
H Z E
9 7 2
− 6 3 8
```

e)
```
H Z E
4 2 7
− 1 8 3
```

f)
```
H Z E
7 6 7
− 4 9 5
```

Rechne und kontrolliere mit der Umkehraufgabe.

3
452 – 138
566 – 237
973 – 648
794 – 359
463 – 138

4
651 – 432
873 – 391
754 – 438
625 – 217
538 – 382

5
642 – 228
539 – 287
847 – 573
653 – 308
592 – 78

6
453 – 172
845 – 576
324 – 157
605 – 276
319 – 89

7 Schau dir die Aufgaben genau an, bevor du rechnest. Was fällt dir auf?

a)
```
434
− 343
```

b)
```
767
− 676
```

c)
```
757
− 575
```

d)
```
646
− 464
```

e)
```
636
− 363
```

f)
```
414
− 141
```

g)
```
959
− 595
```

h)
```
848
− 484
```

8 Frau Schmidt fährt von zu Hause bis Dresden 274 km. Herr Meier fährt 137 km weniger. Wie viele Kilometer fährt Herr Meier?

Subtrahieren mit Übertrag

1 Die Kinder rechnen unterschiedlich.

$$900 - 467 = \boxed{}$$

Ich ergänze.

H	Z	E
9	0	0
− 4	6	7
1	1	
4	3	3

Ich rechne:

$7 + 3 = 10$
$1 + 6 + 3 = 10$
$1 + 4 + 4 = 9$

Ich ziehe ab.

H	Z	E
$\overset{8}{\cancel{9}}$	$\overset{9}{\cancel{0}}$	$\overset{10}{\cancel{0}}$
− 4	6	7
4	3	3

Ich rechne:

$10 - 7 = 3$
$9 - 6 = 3$
$8 - 4 = 4$

Erkläre, wie Max und Anna rechnen.

2 Rechne wie Max.

```
    8 0 0
  − 3 4 4
    1 1
    4 5 6
```

a) 700
  − 573

b) 500
  − 379

c) 1000
  − 467

3 Rechne wie Anna.

```
   7 9 10
   8̸ 0̸ 0̸
  − 3 4 4
    4 5 6
```

a) 700
  − 573

b) 500
  − 379

c) 1000
  − 467

4 Rechne und kontrolliere mit der Umkehraufgabe.

a) 300
  − 176

b) 800
  − 462

c) 600
  − 169

d) 700
  − 353

e) 500
  − 267

f) 860
  − 509

g) 440
  − 187

h) 603
  − 276

5 Setze die Aufgabenreihen fort. Rechne. Was stellst du fest?

a) 788
  − 158

777
  − 158

766
  − 158

755
  − 158

▢
  − 158

▢
  − 158

▢
  − 158

b) 965
  − 325

965
  − 345

965
  − 365

965
  − ▢

965
  − ▢

965
  − ▢

965
  − ▢

6 Familie Schmidt fährt in den Urlaub.
Ihr Ziel ist 387 km von zu Hause entfernt.
Nach 249 km macht sie eine Pause.

a) Wie viele Kilometer muss sie noch fahren?
b) Wie viele Kilometer betragen Hin- und Rückfahrt zusammen?

1: Beide Verfahren erklären   2 und 3: Ergänzen oder Abziehen mit Hunderterzahlen
4 Subtrahieren; Kontrolle mit der Umkehraufgabe   5: Aufgabenreihen fortsetzen und lösen
72   6: Inhalt erfassen; Aufgaben finden, lösen und antworten

AH 32 | TÜ 34

Rechne und kontrolliere mit der Umkehraufgabe.

1
396 – 177
437 – 218
583 – 264
626 – 119
758 – 249

2
283 – 192
438 – 274
902 – 841
718 – 536
841 – 459

3
1000 – 693
608 – 389
943 – 678
867 – 478
743 – 464

Aufpassen!
Manchmal gibt es mehr als einen Übertrag.

4

–	375	526	675	446
983				
794				
872				

5

–	654	259	567	349
843				
1000				
932				

119 197 268 308 346 348
419 426 457 497 537 608

189 276 278 346 365 433
494 583 584 651 673 741

6 Überprüfe die Rechnungen. Berichtige die falschen Aufgaben im Heft.

a) 496
– 168
___
328

b) 756
– 257
___
509

c) 800
– 438
___
472

d) 627
– 485
___
142

e) 639
– 271
___
368

f) 967
– 385
___
622

g) 604
– 282
___
322

h) 593
– 208
___
395

7 Im Puppentheater wurde „Pippi Langstrumpf"
gespielt. Die Vorstellung am Mittwoch besuchten
583 Kinder.
Mit dem Bus sind 178 Kinder gekommen.
Die anderen Kinder kamen mit der Straßenbahn.

8 Zahlenrätsel

a)
Vermindere den Nachfolger von 723 um den Vorgänger von 429.

b)
Subtrahiere vom Vorgänger von 632 den Nachfolger von 415.

1 bis 5: Subtraktion mit selbst gewähltem Verfahren; Kontrolle mit der Umkehraufgabe
6: Fehler finden und berichtigen   7 und 8: Inhalt erfassen; Aufgaben finden, lösen und antworten

AH 32 | TÜ 34 73

Addieren und Subtrahieren

1 Würfle einmal mit 3 Würfeln. Bilde zu den Punktebildern jeweils die größte und die kleinste dreistellige Zahl.
Subtrahiere zuerst beide Zahlen, addiere sie dann.

Schreibe so:

```
  532     532
– 235   + 235
```

Wer rechnet die meisten Aufgaben richtig?

2 Überschlage zuerst. Rechne dann.

a) 623 + 178
458 + 354
622 + 193
285 + 376
154 + 478

b) 837 – 529
623 – 458
754 – 376
546 – 278
754 – 366

c) 763 – 485
319 + 578
842 – 397
456 + 195
925 – 568

165	268	278
308	357	378
388	445	632
651	661	801
812	815	897

3

```
        836
    428
        259
```

```
        758
            356
        189
```

```
        942
            478
        192
```

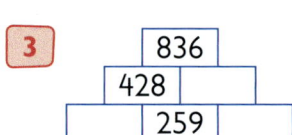

4 Bilde die Differenz aus 478 und dem Doppelten von 226.

5 Bilde die Differenz aus 475 und der Hälfte von 530.

6
428 + 61 + 328
603 + 187 + 126
329 + 345 + 326
237 + 145 + 364
 24 + 356 + 85

7
352 + 65 + 198
279 + 87 + 387
387 + 298 + 269
 95 + 279 + 88
486 + 216 + 298

8
483 – 265
896 – 87
472 – 281
748 – 572
639 – 257

176	191	218
382	462	465
615	746	753
809	817	916
954	1000	1000

9 Ergänzt die Aufgabenreihen. Was fällt euch auf? Sprecht darüber.

a)
```
    195      293      391      48▮       5▮▮     ▮▮▮      ▮▮▮
  + 132    + 132    + 132    + 132     + 132    + 132    + 132
```

b)
```
    395      493      591      68▮       7▮▮     ▮▮▮      ▮▮▮
  – 368    – 368    – 368    – 368     – 368    – 368    – 368
```

74

1: Additions- und Subtraktionsaufgaben durch Würfeln bilden und lösen
2 und 6 bis 8: Addieren/Subtrahieren   3: Rechenmauern lösen
4 und 5: Rechenrätsel lösen   9: Aufgabenreihen weiterführen und lösen

AH 33–35

$$396 + 405 = \boxed{}$$
$$723 - 403 = \boxed{}$$

 Ich rechne diese Aufgaben im Kopf.

$$276 + 338 = \boxed{}$$
$$851 - 568 = \boxed{}$$

 Ich rechne schriftlich.

396 + 405	723 − 403
396 + 400 = 796	723 − 400 = 323
796 + 5 = 801	323 − 3 = 320
356 + 405 = 801	723 − 403 = 320

```
  276          851
+ 338        − 568
-----        -----
  614          283
```

1 Überlege erst, rechne dann.

a) 605 + 391 b) 455 + 239 c) 593 − 210 d) 455 − 186
   352 + 449   153 + 648   486 − 147   703 − 273
   407 + 268   518 + 89   602 − 248   653 − 245
   476 + 297   241 + 608   622 − 405   395 − 257
   763 + 209   376 + 257   368 − 297   930 − 627

71	138	217	269
303	339	354	383
408	430	607	633
675	694	773	801
801	849	972	996

2 Wo steckt der Fehler? Rechne und berichtige.

```
a)   684      b)   796      c)   524           d)   438      e)   376      f)   522
   − 265         − 387         − 375              + 356         + 458         + 287
   -----         -----         -----              -----         -----         -----
     411           419           241                784           732           819
```

3

694 + 209	883 − 662	455 − 187	366 + 428	605 − 252

322 + 469	130 + 290	630 − 270	569 + 273	548 − 273	560 − 392

238 + 192	450 − 182	805 − 167	361 + 453	783 − 465

168 221 268 268 275 318 353 360 420 430 638 791 794 814 842 903

4 Klecksaufgaben

```
a)   4■2     b)   16■     c)   25■     d)   628     e)   26■     f)   ■27     g)   4■8
   + 398       + 338       + ■72       + 1■7       + ■35       + 3■6       + 394
   -----       -----       -----       -----       -----       -----       -----
   ■20         5■5         626         ■75         6■2         91■         85■

     397         4■6         876         742         8■4         ■94         9■3
   − 28■       − 28■       − 45■       − 53■       − 63■       − 4■6       − 67■
   -----       -----       -----       -----       -----       -----       -----
   1■6         ■13         ■18         ■08         ■16         20■         ■45
```

Daten – Wahrscheinlichkeit

1

a) Berechne die Reisestrecken.

Hamburg → Köln → Nürnberg   Köln → Nürnberg → München
Berlin → Leipzig → Köln   Leipzig → Nürnberg → Köln

b) Wie viele Kilometer Unterschied sind zwischen der längsten und
der kürzesten Strecke?

c) Familie Kunze aus Hamburg und Familie Lustig aus München reisen
zur Messe nach Leipzig.
Welche Familie muss die längere Strecke fahren?

2 Neben der Messehalle 2 gibt es die Parkplätze P1, P2, P3.

Anzahl der geparkten Autos	P1	P2	P3
Freitag	310	117	198
Sonnabend	284	568	134
Sonntag	402	288	289

a) Wie viele Autos haben von Freitag bis Sonntag
auf jedem Parkplatz geparkt?

b) Stimmt es, dass am Sonnabend auf Parkplatz P2
doppelt so viele Autos geparkt haben wie auf Parkplatz P1?

c) An welchem Tag waren die meisten Autos auf den Parkplätzen?

d) Ist es möglich, dass am letzten Messetag doppelt so viele Autos auf jedem
Parkplatz abgestellt werden?

1: Entfernungen aus den Abbildungen entnehmen; Strecken berechnen und vergleichen
2: Summen berechnen und vergleichen

1 Das Streifendiagramm gibt Auskunft über den Wasserverbrauch pro Einwohner einer Stadt.

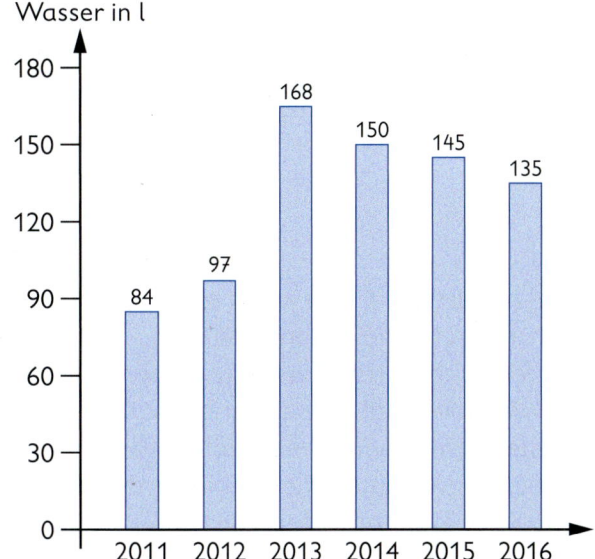

Wasser in l

a) Wie viele Liter Wasser verbrauchte eine Person im Jahr 2013 mehr als im Jahr 2011?

b) Wie viele Liter Wasser verbrauchte eine Familie mit vier Personen in den Jahren 2011 und 2015?

c) Von 2014 bis 2016 ging der Wasserverbrauch zurück. Was könnten die Ursachen dafür sein?

d) In welchem Jahr wurde doppelt so viel Wasser verbraucht wie 2011?

2 Entscheide: „ist möglich", „ist sicher" oder „ist unmöglich".

a) Aus der Umwelt
- ○ Der Wasserverbrauch geht in den nächsten Jahren noch weiter zurück.
- ○ Es wird einmal ein Jahr geben, in dem kein Wasser verbraucht wird.
- ○ Aus Schmutzwasser wird Trinkwasser hergestellt.
- ○ Es gibt Tiere, die brauchen nur einmal in der Woche Wasser.
- ○ Wenn Salzwasser verdunstet, bleibt Salz übrig.
- ○ Wasser kann einen Berg hinauffließen.

b) Aus der Mathematik
- ○ Ein Eimer fasst 10 l Wasser.
- ○ In eine 1-Liter-Flasche kann man den Inhalt von drei Flaschen zu je $\frac{1}{2}$ l füllen.
- ○ In eine 100-Liter-Regentonne kann man 10 Eimer zu je 10 l Wasser füllen.
- ○ Mit dem Inhalt einer 2-Liter-Flasche kann ich vier Flaschen zu je $\frac{1}{2}$ l füllen.
- ○ 1 kg Zucker und 1000 g Mehl sind gleich schwer.
- ○ Eine Strecke wird in Meter gemessen.

c) Behauptungen
- ○ Max: „Beim Schnorcheln in der Ostsee habe ich Goldfische gesehen."
- ○ Lisa: „Wenn ich eine Münze werfe, fällt sie so, dass die Zahl oben liegt."
- ○ Ben: „Der Monat Februar hat 29 Tage."
- ○ Anna: „Wenn meine Mutti ein Baby bekommt, dann habe ich einen Bruder oder eine Schwester."

Kombinieren

1 "Mit diesen Zahlenkarten kann ich dreistellige Zahlen legen."

Wie viele dreistellige Zahlen kann Max legen? Schreibe alle Möglichkeiten auf.

2 Anna erzählt Tom, dass sie am Teich eine Entenfamilie beobachtet hat. Tom will wissen, wie viele Enten sie gesehen hat. Sie erzählt: Vier Enten liefen vor einer, zwei Enten liefen hinter dreien und drei Enten liefen zwischen zweien.

3 Die Summe zweier Zahlen ist 150. Die eine Zahl ist viermal so groß wie die andere Zahl. Wie heißen die beiden Zahlen?

4 a) Eine Figur fehlt. Beschreibe, wie sie aussehen muss.

b) Welche Formen fehlen? Beschreibe sie.

5 Lege die Figur mit Stäbchen nach. Lege drei Stäbchen so um, dass drei gleich große Quadrate entstehen.

1: Alle dreistelligen Zahlen finden   2: Sachverhalt nachspielen/mit Figuren legen   3: Gesuchte Zahlen bestimmen   4: Figuren bzw. Formen ergänzen; begründen   5: Stäbchen nach Vorgabe umlegen   **AH** 38–39 | **TÜ** 36

1

Zur Familie Schulz gehören 5 Personen.
Am Weihnachtsabend schenkt jeder jedem ein Päckchen.
Wie viele Päckchen sind es insgesamt?

2 Maria hat Katzen und Vögel.
Die Tiere haben zusammen 14 Beine und 5 Köpfe.
Wie viele Katzen und wie viele Vögel hat sie?

3 Kannst du das Ziffernblatt mit zwei Stäbchen so in drei Teile zerlegen, dass in jedem Teil die Summe der Zahlen gleich ist?
Berate dich mit deinem Lernpartner und probiere es aus.

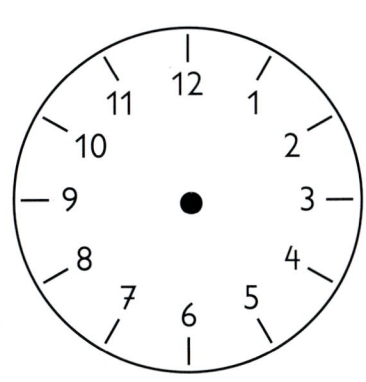

Tipp:
Bestimme zuerst die Summe aller Zahlen.

4 Ben hat vier Farbstifte nebeneinandergelegt.

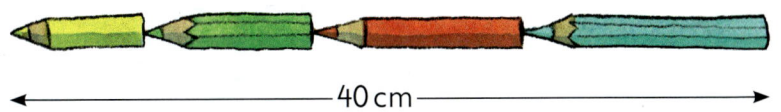

—40 cm—

Tipp:
Wie lang ist ein Stift, wenn alle Stifte gleich lang sind?

Jeder Stift ist 2 cm länger als der davor liegende.
Alle vier Stifte zusammen sind 40 cm lang.
Wie lang ist jeder Farbstift?

5 Ordne den Kindern auf den Fahrrädern die richtigen Namen zu.
Jenny fährt hinter Oliver, Paul fährt nicht hinter Dana, Sandra ist nicht die Letzte.
Oliver ist nicht der Erste, Dana fährt vor Sandra, und Mark fährt vor Oliver.

Rechnen mit Größen – Kommaschreibweise

1

Anna steht an der Kasse im Supermarkt.
Sie kauft eine Tüte Äpfel für 2,38 € und Birnen für 4,59 €.
Wie viel muss sie bezahlen?

Schreibe so: 2,38 € + 4,59 € = ▢

2	3	8
+ 4	5	9
6	9	7

$$2,38 \text{ €}$$
$$+ 4,59 \text{ €}$$
$$ 1$$
$$6,97 \text{ €}$$

Antworte.

2
a) $\begin{array}{r} 3,45\,€ \\ +\,6,25\,€ \\ \hline \end{array}$
b) $\begin{array}{r} 7,03\,€ \\ +\,1,98\,€ \\ \hline \end{array}$
c) $\begin{array}{r} 6,55\,€ \\ +\,2,78\,€ \\ \hline \end{array}$
d) $\begin{array}{r} 4,07\,€ \\ +\,6,25\,€ \\ \hline \end{array}$
e) $\begin{array}{r} 16,25\,€ \\ +\,42,97\,€ \\ \hline \end{array}$
f) $\begin{array}{r} 45,36\,€ \\ +\,27,78\,€ \\ \hline \end{array}$

3 Überschlage erst und rechne dann.

Ü: 26 € + 50 € + 15 € = 91 €

$$26,38 \text{ €}$$
$$+\ 48,86 \text{ €}$$
$$+\ 14,25 \text{ €}$$
$$1\ 1\ 1$$
$$89,49 \text{ €}$$

a) $\begin{array}{r} 22,33\,€ \\ +\,67,54\,€ \\ +\ \ \,7,39\,€ \\ \hline \end{array}$
b) $\begin{array}{r} 25,76\,€ \\ +\,38,42\,€ \\ +\,19,37\,€ \\ \hline \end{array}$
c) $\begin{array}{r} 7,05\,€ \\ +\,16,87\,€ \\ +\,49,60\,€ \\ \hline \end{array}$

4
16,24 € + 25,38 €
47,06 € + 28,97 €
3,98 € + 14,89 €
55,30 € + 29,75 €

5
44,98 € − 26,74 €
78,98 € − 61,45 €
53,09 € − 31,92 €
91,26 € − 54,78 €

17,53 €	18,24 €
18,87 €	21,17 €
36,48 €	41,62 €
76,03 €	85,05 €

6 Maria hat 8,50 €. Sie kauft Weintrauben für 4,87 €.
Wie viel Euro hat sie dann noch?

7 Wie viel Geld bekommt jedes Kind zurück?

Lisa kauft für
3,14 € und 4,33 € ein.
Sie bezahlt mit:

Ben kauft für
1,89 € und 2,47 € ein.
Er bezahlt mit:

Anna kauft für
6,27 € und 2,87 € ein.
Sie bezahlt mit:

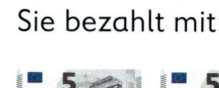

1 Beim Sportfest springt Tom 4,31 m weit.
Ben springt 318 cm weit.
Wie viel ist Tom weiter gesprungen als Ben?

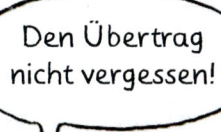
Den Übertrag nicht vergessen!

4,31 m − 318 cm = ⬜

318 cm = 3,18 m

Antworte.

m	cm
4	31
− 3	18
1	13

Schreibe so:

```
  4,3 1 m
− 3,1 8 m
      1
  1,1 3 m
```

2 Überschlage erst und rechne dann.

Ü: 50 m − 25 m = 25 m

```
  48,42 m
− 24,57 m
    1 1
  23,85 m
```

a) 24,63 m
  − 5,26 m

b) 43,78 m
  − 26,23 m

c) 61,80 m
  − 36,93 m

d) 76,93 m
  − 54,56 m

e) 15,13 m
  − 6,57 m

f) 33,78 m
  − 15,29 m

3 a) 76,45 m − 14,59 m
  82,44 m − 17,66 m

b) 87,44 m − 9,76 m
  74,13 m − 6,25 m

c) 56,60 m − 28,76 m
  40,25 m − 21,49 m

4 a) 4,36 m + 3,28 m
  12,35 m + 44,27 m
  23,76 m + 416 cm
   678 cm + 323 cm

b) 76,73 m − 24,35 m
   926 cm − 517 cm
  36,72 m − 411 cm
  78,63 m − 425 cm

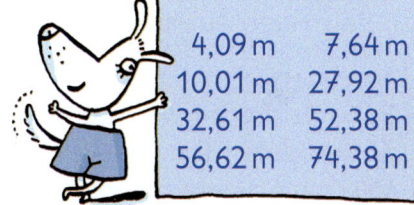

4,09 m	7,64 m
10,01 m	27,92 m
32,61 m	52,38 m
56,62 m	74,38 m

5 Max wirft beim Sportfest den Ball 31,32 m weit.
Tom wirft ihn 23,21 m weit. Ben wirft ihn 18,36 m weit.

a) Wie viele Meter hat Max den Ball weiter geworfen als Tom?
b) Wie viele Meter hat Tom den Ball weiter geworfen als Ben?

6 Maria springt 3,12 m weit. Lisa springt
248 cm weit und Anna springt 271 cm weit.

a) Wie viele Zentimeter ist Maria weiter gesprungen als Anna?
b) Wie viele Zentimeter ist Anna weiter gesprungen als Lisa?
c) Sind Anna und Lisa zusammen weiter gesprungen als Maria?

Sachaufgaben – Die Schülerbücherei

Öffnungszeiten
10:00 Uhr – 12:00 Uhr
13:00 Uhr – 15:00 Uhr

Spiele

DVD

Musik

Abenteuer

Märchen

1 In der Brüder-Grimm-Schule lernen 157 Mädchen und 168 Jungen.
Das sind 59 Kinder weniger als an der Wilhelm-Busch-Schule.
a) Wie viele Kinder lernen an der Wilhelm-Busch-Schule?
b) Wie viele Mädchen lernen an der Wilhelm-Busch-Schule?

2 Die Schülerbücherei hatte insgesamt 758 Bücher, 97 DVDs und 153 CDs.
Mehrere Unternehmen haben Geld für die Schule gespendet.
Davon wurden 137 Bücher, 34 DVDs und 56 CDs gekauft.
Wie viele Bücher, DVDs und CDs können jetzt ausgeliehen werden?

3 Am Donnerstag wurden 127 Bücher ausgeliehen, das waren 39 mehr
als am Mittwoch und 54 weniger als am Freitag.
a) Wie viele Bücher wurden am Mittwoch und Freitag ausgeliehen?
b) Wurden am Donnerstag mehr Märchenbücher
als Abenteuerbücher ausgeliehen?

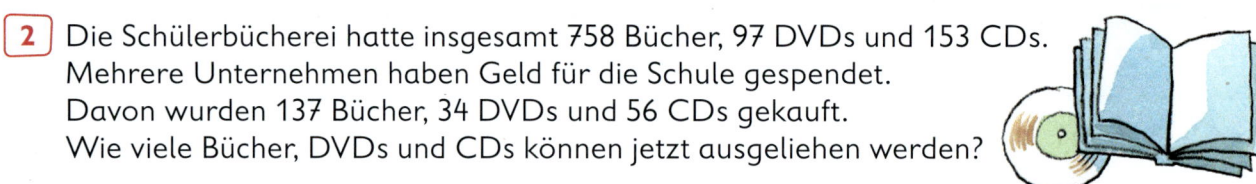

4 Ben hat sich ein Abenteuerbuch ausgeliehen.
Er liest jeden Tag 20 Seiten.
Wie viele Seiten hat er in einer Woche gelesen?

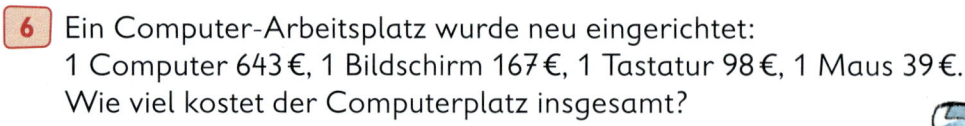

5 Maria arbeitet jeden Tag 30 Minuten am Computer in der Bücherei.
Wie viele Stunden und Minuten sind das in einer Schulwoche?

6 Ein Computer-Arbeitsplatz wurde neu eingerichtet:
1 Computer 643 €, 1 Bildschirm 167 €, 1 Tastatur 98 €, 1 Maus 39 €.
Wie viel kostet der Computerplatz insgesamt?

7 Für den CD-Player wurden 88 € bezahlt.
Zwei Kopfhörer kosteten zusammen halb so viel wie der CD-Player.
a) Was kostete ein Kopfhörer?
b) Was wurde für die Kopfhörer und den CD-Player insgesamt bezahlt?

1 a) Wie viele Dreiecke, Quadrate und Rechtecke sind in dieser Figur versteckt?

b) Trage die Anzahl und die Eckpunkte der Figuren in eine solche Tabelle ein.

	Anzahl	Eckpunkte
Dreiecke		GHE, …, …, …, …,
Quadrate		
Rechtecke		

Tipp:
Es sind genauso viele Dreiecke wie Quadrate.

c) Vergleiche mit deinem Lernpartner.

2 a) Lege die Figur mit Stäbchen.
b) Lege vier Stäbchen so um, dass vier gleich große Quadrate entstehen.

3 Entscheide: Wahr oder falsch?
- ○ Ein Quadrat hat vier gleich lange Seiten.
- ○ Die Seiten eines Vierecks stehen immer senkrecht zueinander.
- ○ Ein Quadrat ist auch ein Rechteck.
- ○ Alle Vierecke haben rechte Winkel.
- ○ Gegenüberliegende Seiten verlaufen beim Quadrat und beim Rechteck parallel zueinander.

Zeichne zu den falschen Aussagen ein Beispiel.

1: Anzahl der jeweiligen Figur bestimmen; Figur mit ihren Eckpunkten benennen
2: Figur nachlegen; durch Umlegen vier gleich große Quadrate erzeugen
3: Richtige Aussagen erkennen und begründen

AH 41 | **TÜ** 38 83

1 a) Lege diese Figuren mit dem Gliedermaßstab nach.

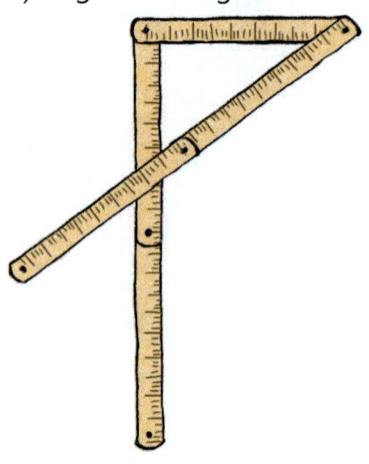

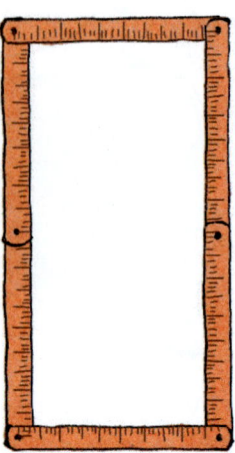

b) Nenne die Namen der Figuren und sprich über ihre Eigenschaften.

2 Lege mit Stäbchen diese Figur.

a) Wie viele Quadrate und Rechtecke findest du in der Figur?

b) Nimm zwei Stäbchen so weg, dass zwei verschieden große Quadrate übrig bleiben.

c) Lege vier Stäbchen so um, dass drei Quadrate entstehen.

3 Zeichne auf Kästchenpapier ein Quadrat mit der Seitenlänge $\overline{AB}$ = 80 mm.
Zeichne zwei Strecken so ein, dass vier Dreiecke entstehen.
Schneide die Dreiecke aus und vergleiche sie. Was stellst du fest?

4 Zeichne mit dem Geodreieck auf kästchenfreiem Papier:

a) ein Rechteck mit den Seitenlängen $\overline{AB}$ = 7 cm und $\overline{BC}$ = 5 cm

b) ein Quadrat mit der Seitenlänge von 6 cm

So kannst du arbeiten:

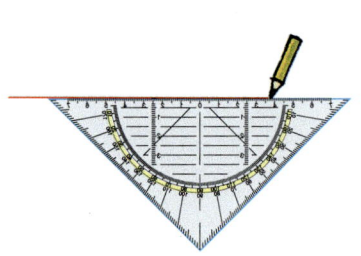
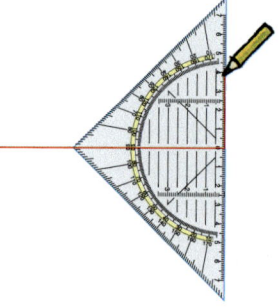
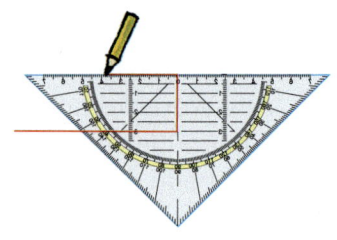

84

1: Figuren nachlegen und darüber sprechen   2: Figuren mit Stäbchen legen
3: Quadrat zeichnen und in Dreiecke zerlegen   4: Mit dem Geodreieck zeichnen

AH 41 | **TÜ** 38

Mach es nach!

1 Max hat mit dem Gliedermaßstab eine Figur gelegt. Beschreibe diese Figur. Wähle dazu die richtigen Begriffe und Wortgruppen aus.

Figur:
ein Dreieck, ein Rechteck, ein Fünfeck, ein Kreis, ein Viereck, ein Quadrat

Seiten:
alle gleich lang
alle verschieden lang
paarweise gleich lang

Lage der Seiten:
zueinander parallel
zueinander senkrecht

Ein Parallelogramm ist ein Viereck, bei dem die gegenüberliegenden Seiten parallel zueinander sind und die gleiche Länge haben.

MERKE DIR

2 Lege Parallelogramme.
a) mit Stäbchen
b) mit Figuren aus der Beilage
c) mit einem Gliedermaßstab

3 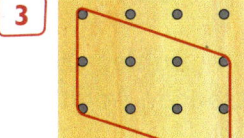 Spanne Parallelogramme auf dem Geobrett.

4 Welche Figuren sind Parallelogramme? Überprüfe, nutze das Geodreieck.

  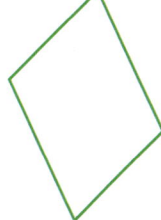 

5 Entscheide: Wahr oder falsch? Überprüfe durch Legen mit Stäbchen.
○ Jedes Viereck ist ein Parallelogramm.
○ Ein Quadrat ist ein Parallelogramm.
○ Ein Parallelogramm hat immer vier rechte Winkel.
○ Ein Rechteck ist ein Parallelogramm.
○ Ein Parallelogramm hat einen rechten Winkel.

1: Figur beschreiben; den Inhalt des Merksatzes erschließen
2 und 3: Parallelogramme legen und spannen   4: Parallelogramme bestimmen
5: Entscheidung für „falsch" mit einem Beispiel belegen

AH 42   85

1 Käufer und Verkäufer spielen

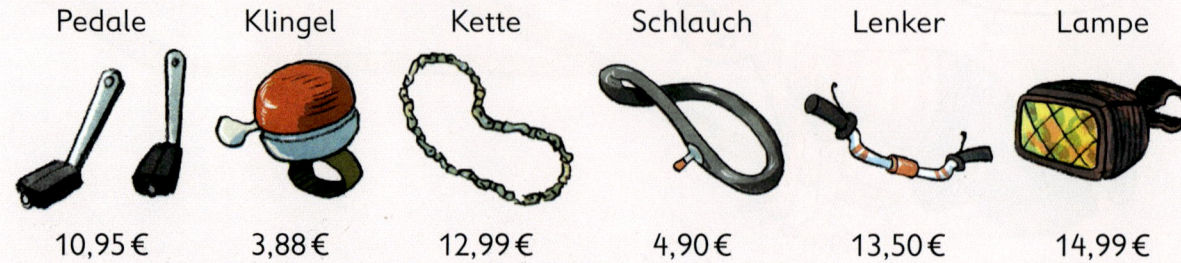

Pedale	Klingel	Kette	Schlauch	Lenker	Lampe
10,95 €	3,88 €	12,99 €	4,90 €	13,50 €	14,99 €

a) Du nennst zwei Artikel, die du kaufen möchtest.
   Dein Lernpartner berechnet den Gesamtpreis.

b) Du bezahlst mit zwei Rechengeld-Scheinen.
   Dein Lernpartner gibt dir mit Rechengeld das Restgeld heraus.

c) Danach bist du der Verkäufer und dein Lernpartner ist der Käufer.

2 Die Summe 500

32   385   343   282   195

115   305   218   468   157

a) Wählt immer zwei Zahlen so aus, dass ihre Summe 500 ist.
   Schreibt die passenden Additionsaufgaben auf und löst sie.

b) Schreibt alle Zahlenpaare auf, deren Summe kleiner als 500 ist.

3 Tresorknacker

Zum Öffnen des Tresorschlosses müssen
die Ziffern 2, 5, 7 und 9 in einer bestimmten
Reihenfolge eingegeben werden.
Anna behauptet, dass es insgesamt
16 verschiedene Möglichkeiten gibt,
die Ziffern einzugeben.
Stimmt das?
Schreibt alle Möglichkeiten auf.

1: Käufer und Verkäufer spielen; Gesamtpreise berechnen
2: Zwei Zahlen so addieren, dass die Summe 500 bzw. kleiner als 500 ist
3: Mit vier Ziffern verschiedene Kombinationen bilden

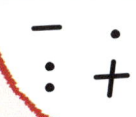

1 Figuren legen

Jeder zeichnet ein Quadrat mit einer Seitenlänge
von 6 cm und ein Rechteck, das doppelt so groß ist.
Zerlegt die beiden Figuren so in Dreiecke,
wie es die Abbildungen zeigen.

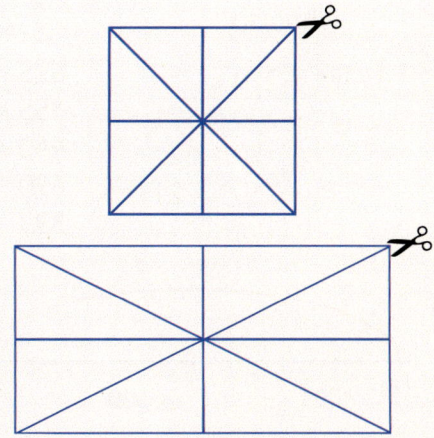

a) Legt mit den Dreiecken verschieden große
   Quadrate, Rechtecke und Parallelogramme.

b) Klebt die Dreiecke zu Figuren auf ein Blatt.
   Malt diese Figuren farbig aus.

2 Blumensträuße binden

Die Gärtnerin hat rote, gelbe, schwarze und weiße Tulpen.
Sie will immer 3 Tulpen in einen Strauß binden.
Wie viele verschiedene Sträuße kann sie binden?

Tipp:
Beginnt mit drei gleichen Farben, z.B.: Rot, Rot, Rot.
Tauscht dann eine Tulpe nacheinander durch eine
andere Farbe aus, z.B.: Rot, Rot, Gelb,
                        Rot, Rot, Schwarz,
                        usw.

3 Schätzmeister

Jedes Kind der Lerngruppe wählt einen Gegenstand aus.
Alle Kinder schätzen das Gewicht des Gegenstandes und tragen den
Schätzwert in ihre Tabelle ein.
Dann werden die Gegenstände gewogen und die Messwerte eingetragen.
Wer die kleinste Differenz zwischen dem geschätzten Gewicht und dem
gemessenen Gewicht hat, bekommt einen Punkt.
Schätzmeister ist das Kind mit den meisten Punkten.

Fertigt eine solche Tabelle an:

Gegenstand	Gewicht		Differenz
	geschätzt	gewogen	
Buch	350 g	300 g	50 g
Heft			
Federtasche			

1: Quadrat und Rechteck in Dreiecke zerlegen und damit neue Figuren bilden
2: Sträuße aus drei verschiedenen Farben kombinieren
3: Das Gewicht von Gegenständen schätzen und wiegen

Kann ich das schon?

Rechne so.

1

371 + 250
371 + 200 = 571
571 + 50 = 621
371 + 250 = 621

625 + 290
155 + 378
440 + 383
690 + 187
533 + 289

2

438 – 260
438 – 200 = 238
238 – 60 = 178
438 – 260 = 178

624 – 330
720 – 438
581 – 151
577 – 280
844 – 258

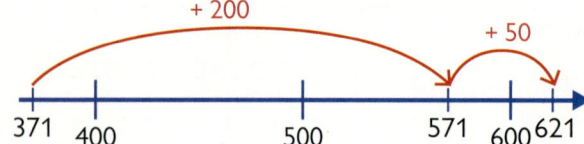

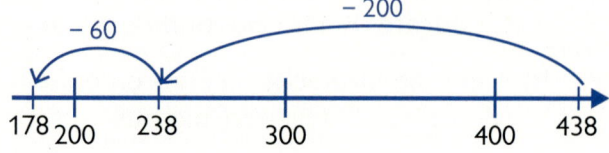

3 Ordne die Kärtchen richtig zu.

1 kg	$\frac{1}{2}$ kg	250 g	1 000 g	$\frac{1}{2}$ Pfund

500 g	1 Pfund	$\frac{1}{4}$ kg	500 g	250 g

4 Wie viel Gramm fehlen?

1 kg	625 g	413 g	298 g	893 g	112 g

500 g = 1 Pfund	253 g	498 g	136 g	379 g

5 Vergleiche die Gewichte: < = > .

450 kg  405 g

357 g ⬤ 375 g

1 000 g ⬤ 1 kg

510 g ⬤ $\frac{1}{2}$ kg

808 kg ⬤ 880 g

6 Wie heißen die benachbarten Vielfachen von 10 und von 100? Unterstreiche das nächstgelegene Vielfache.

a) 398
236
458
161
785
623

b) 254
499
954
683
533
855

7 Welche Lösungen können nicht stimmen? Überprüfe durch eine Überschlagsrechnung.

36 + 94 + 132		262 362 202
263 + 247 + 182		602 792 692
863 – 167 – 251		445 499 545
754 – 263 – 109		312 382 482

8 Täglicher Wasserverbrauch pro Person

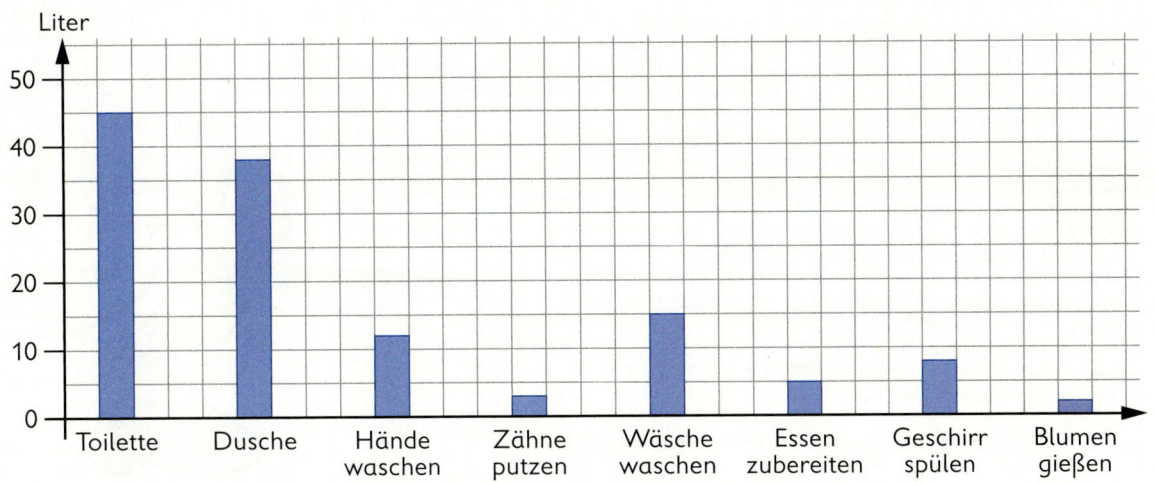

a) Lies den Wasserverbrauch für die verschiedenen Tätigkeiten ab.
b) Wie viel Wasser verbraucht eine Person am Tag?
c) Berechne den Wasserverbrauch deiner Familie an einem Tag und
in einer Woche.

9 Addiere. Schreibe stellengerecht
untereinander.

$$
\begin{array}{r}
3\,9\,8 \\
+\,6\,3\,3 \\
\scriptstyle 1\ 1 \\
\hline
1\,0\,3\,1
\end{array}
$$

254 + 537
336 + 298 + 159
298 + 579
133 + 554 + 91
459 + 398

10 Subtrahiere. Schreibe stellengerecht
untereinander.

$$
\begin{array}{r}
{}^{6\ 13} \\
9\,\cancel{7}\,\cancel{3} \\
-\,6\,3\,8 \\
\hline
3\,3\,5
\end{array}
\ \text{oder}\
\begin{array}{r}
9\,7\,3 \\
-\,6\,3\,8 \\
\scriptstyle 1 \\
\hline
3\,3\,5
\end{array}
$$

938 – 629
457 – 238
546 – 127
345 – 228
674 – 436

11 Addiere und subtrahiere
mit Kommazahlen.
Schreibe Komma unter Komma.

a) 3,98 € – 2,79 €   b) 25,63 m + 14,38 m
   4,28 € + 3,63 €   12,25 m – 7,18 m
   5,29 € + 3,92 €   9,36 m – 5,28 m
   6,35 € + 2,68 €   4,38 m + 8,27 m
   9,04 € – 6,47 €   6,73 m + 9,29 m

12 Welche Figuren sind Parallelogramme?
Überprüfe mit dem Geodreieck.

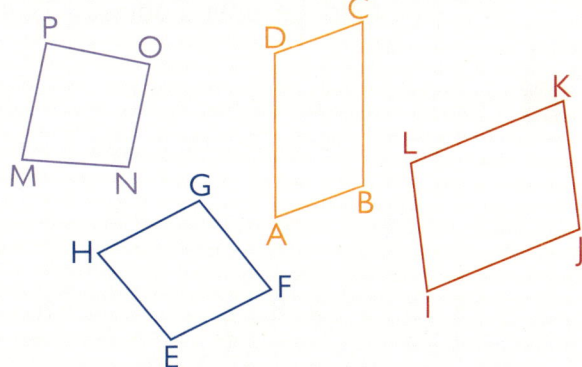

13 Addiere das Doppelte von 324 zu 269.

Vielfache und Teiler einer Zahl

Das sind alles Vielfache von 4.

1 Ben hat diese Zahlen von der Tafel abgenommen:

(4) (8) (12) (20) (28)

Zu welcher Malfolge gehören diese Zahlen?

2 Welche Zahlen von 1 bis 50 sind:

a) Vielfache von 7,   b) Vielfache von 6,
c) Vielfache von 5,   d) Vielfache von 8?

Schreibe so: Vielfache von 7 sind 21, 14, ▢,

MERKE DIR

Vielfache einer Zahl sind die Ergebniszahlen der Malfolge.

3 Von welchen Zahlen sind das die Vielfachen?

a) 6 12 18 24 48   b) 18 27 45 54 72   c) 16 24 32 40 48

Schreibe so: 6 ist das Zweifache von 3, denn 2 · 3 = 6
6 ist das Sechsfache von 1, denn 6 · 1 = 6

4 Wie heißen die Zahlen?

a) Das Dreifache einer Zahl ist: 21, 27, 24, 18, 12.
b) Das Achtfache einer Zahl ist: 56, 40, 48, 72, 80.
c) Das Fünffache einer Zahl ist: 25, 45, 15, 35, 10.

2 3 4 5 5
6 6 7 7 7
8 9 9 9 10

5 Welche der Zahlen 45, 9, 36, 12, 30, 18, 63, 27, 15 und 54 sind gemeinsame Vielfache von 3, 6 und 9?

WIEDERHOLE

1. 6 · 5   2. 8 · 7   3. 7 · 10   4. 9 · 2   5. Schreibe als Produkt:
   4 · 9   5 · 4   6 · 3   4 · 8   63, 42, 18, 24, 56.

90

1: Malfolge der 4 erkennen   2: Alle Vielfachen finden   3: Alle Zahlen zu den Vielfachen finden
4: Zahlen finden und Multiplikationsaufgaben nennen   5: Gemeinsame Vielfache finden und begründen   **AH** 43 | **TÜ** 39

1 Die 6 Kinder dürfen mit den Booten fahren. In jedem Boot sollen immer gleich viele Kinder sein.
Wie können sich die Kinder auf die Boote aufteilen? Finde mehrere Möglichkeiten. Schreibe zu jeder Möglichkeit die Divisionsaufgabe auf und löse sie.

> **Tipp:**
> Es müssen nicht immer alle Boote genommen werden.

2 Welche Zahlen sind Teiler von:

a) 24, 42, 56, 64, 72,
b) 36, 54, 28, 60, 45,
c) 25, 36, 20, 42, 50?

> **MERKE DIR**
> Teiler einer Zahl sind alle Zahlen, durch die ohne Rest geteilt werden kann.
> Die 1 und die gegebene Zahl sind auch Teiler.

3 Schreibe als Divisionsaufgabe und löse sie.

a) der zehnte Teil von 70
der dritte Teil von 24

b) der siebte Teil von 49
der fünfte Teil von 35

c) der zehnte Teil von 100
der sechste Teil von 18

4 Wahr oder falsch? Begründe die falschen Aussagen mit einer Divisionsaufgabe.

a) 4 und 5 sind Teiler von 30.
4 und 7 sind Teiler von 49.
9 und 6 sind Teiler von 54.

b) 3, 4 und 8 sind Teiler von 24.
6, 5 und 3 sind Teiler von 30.
2, 7 und 9 sind Teiler von 18.

5 Zahlen gesucht

> Meine Zahl ist um 32 größer als das Vierfache von 7.

> Meine Zahl ist um 15 kleiner als das Neunfache von 6.

> Meine Zahl ist halb so groß wie das Achtfache von 2.

WIEDERHOLE

1. 18 : 6
   48 : 8
2. 64 : 8
   63 : 7
3. 49 : 7
   60 : 6
4. 36 : 6
   45 : 9
5. 40 : 10
   80 : 8
6. 25 : 5
   63 : 9

Multiplizieren mit 10 und mit 100

1 Für Hotels an der Müritz werden frische Landeier in Packungen mit je 10 Eiern angeliefert.
Auf der Lieferliste steht:

Lieferliste Eier	
Hotel	Packungen
Zur Schwalbe	4
Der Adler	7
Weißer Schwan	5
Sonnenwinkel	8
Seestern	3

Wie viele Eier hat jedes Hotel erhalten?

Rechne und schreibe so: Hotel Seestern: 3 · 10 =

2 Berechne die Produkte.

a) 2 · 10   b) 10 · 11   c) 10 · 25
   9 · 10   10 · 14   10 · 47
   1 · 10   10 · 16   52 · 10
   6 · 10   10 · 12   88 · 10

$$1 · 13 = 13$$
$$10 · 13 = 130$$

3 Berechne das Zehnfache von:

a) 17   44   71   1   99

b) 55   0   35   10   100

4 Farbige Bastelbögen werden in Blöcken mit jeweils 100 Bögen angeboten.
Die Zeichenlehrerin kauft für die Schule diese Blöcke:

2 Blöcke mit blauen Bögen
5 Blöcke mit gelben Bögen
7 Blöcke mit grünen Bögen
3 Blöcke mit roten Bögen
9 Blöcke mit weißen Bögen

Wie viele Bastelbögen hat sie von jeder Farbe gekauft?

Rechne und schreibe so: blaue Bögen: 2 · 100 =

200 300 500
700 900

5 Berechne die Produkte.

a) 4 · 100   b) 100 · 3
   9 · 100   100 · 0
   8 · 100   100 · 1
   6 · 100   100 · 10

6 Berechne das Hundertfache von:

a) 7   1   5   4   6

b) 9   3   10   0   2

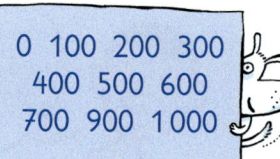

0 100 200 300
400 500 600
700 900 1000

7 Setze das richtige Zeichen: < > .

a) 10 · 17 ● 100 · 7   b) 10 · 25 ● 100 · 2   c) 49 · 10 ● 5 · 100   d) 100 · 0 ● 10 · 1
   10 · 33 ● 100 · 2   10 · 89 ● 100 · 9   64 · 10 ● 6 · 100   100 · 1 ● 10 · 9

92

1 bis 3: Multiplizieren mit 10   4 bis 6: Multiplizieren mit 100
7: Produkte berechnen, vergleichen und Relationszeichen setzen

AH 44 | TÜ 40

Dividieren durch 10 und durch 100

1 Für den Zeichenunterricht ist ein Paket mit Kreide
zum Pflastermalen angekommen:
150 Stück rote Kreide
220 Stück gelbe Kreide
160 Stück grüne Kreide
500 Stück weiße Kreide
 80 Stück lila Kreide

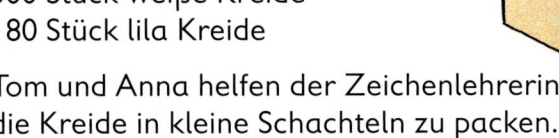

Tom und Anna helfen der Zeichenlehrerin
die Kreide in kleine Schachteln zu packen.
In jeder Schachtel sollen 10 Stück Kreide einer Farbe sein.

Wie viele Schachteln werden für jede Farbe benötigt?

Rechne und schreibe so: rote Kreide: 150 : 10 = ⬛

> **Tipp:**
> Beim Dividieren durch 10
> eine Null weglassen.
> 280 : 10 = 28

2 Lisa will farbige Bänder in 10 gleich lange Stücke zerschneiden.

Länge der Bänder: rotes Band: 370 cm   gelbes Band: 450 cm
                   grünes Band: 180 cm   blaues Band: 610 cm

a) Wie lang werden die Stücke?   b) Wie oft muss Lisa jedes Band durchschneiden?

> 18 cm 37 cm
> 45 cm 61 cm

3 Münzen zu 1 ct werden von der Bank oft zu Rollen
mit jeweils 100 Münzen gebündelt.

Wie viele solcher Rollen kannst du bilden aus:
400 Münzen,   900 Münzen,   100 Münzen,
300 Münzen,   1 000 Münzen,   500 Münzen?

> **Tipp:**
> Beim Dividieren durch 100
> zwei Nullen weglassen.
> 200 : 100 = 2

4 Berechne die Quotienten. Überprüfe mit der Umkehraufgabe.

a) 690 : 10   b) 510 ct : 10   c) 700 : 100   d) 300 m : 100
   400 : 10   750 cm : 10   100 : 100   400 cm : 100
   990 : 10   290 m : 10   600 : 100   500 € : 100
   620 : 10   800 € : 10   800 : 100   1 000 ct : 100

> 1 3 m 4 cm 5 € 6
> 7 8 10 ct 29 m
> 40 51 ct 62 69
> 75 cm 80 € 99

5 Das Lösungswort ist gesucht. Du findest es, wenn du die Lösungszahlen
nach ihrer Größe ordnest. Beginne mit der kleinsten Zahl.

| 100 : 10 = ⬛ **O** | 100 · 9 = ⬛ **T** | 0 · 10 = ⬛ **P** | 5 · 100 = ⬛ **U** |

| 10 · 12 = ⬛ **D** | 300 : 100 = ⬛ **R** | 76 · 10 = ⬛ **K** |

1 und 2: Durch 10 dividieren   3: Durch 100 dividieren   4: Durch 10 und durch 100 dividieren
5: Multiplizieren/Dividieren, Lösungen nach Vorschrift ordnen, Buchstaben zuordnen,
Lösungswort bilden   AH 44 | TÜ 40   93

÷ · Multiplizieren und Dividieren mit Zehnerzahlen

In der Getränkefabrik werden die Kästen mit 20 Flaschen gefüllt.
Wie viele Flaschen sind in 4 Kästen?

Rechne so:

> 4 · 20
> Wenn   4 · 2 = 8 ist,
> dann ist 4 · 20 = 80.

Tipp:
Zuerst die bekannte Aufgabe lösen, dann das Ergebnis übertragen.

1 Wie kannst du anders rechnen? Erkläre, wie du rechnest.

2 Zur Auslieferung werden bereitgestellt:
3 Kästen mit Apfelsaftflaschen
6 Kästen mit Limonadenflaschen
7 Kästen mit Orangensaftflaschen

Wie viele Flaschen von jedem Getränk werden ausgeliefert?

3 Berechne die Produkte.

a) 2 · 60   b) 5 · 40   c) 7 · 50   d) 4 · 90   e) 30 · 6   f) 80 · 8

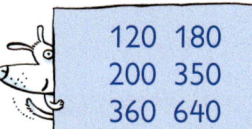

120   180
200   350
360   640

4 Schreibe die passenden Multiplikationsaufgaben auf und löse sie.

a)    b) 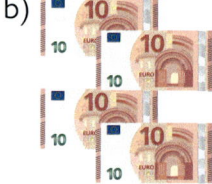   c)

Schreibe so: 3 · 50 € = ☐ €

5 Zerlege die Zahlen in ein Produkt mit einer Zehnerzahl.

140 = 2 · 70 oder: a) 180   b) 420   c) 560   d) 810   e) 640   f) 480
140 = 70 · 2   260   370   710   950   590   360

6 Immer vier Multiplikationsaufgaben gehören zusammen.
Finde zu jeder Aufgabe die fehlenden drei Aufgaben. Löse alle Aufgaben.

2 · 30 = 60   3 · 20 = 60   a) 5 · 40   b) 8 · 60   c) 7 · 60   d) 8 · 70
30 · 2 = 60   20 · 3 = 60   e) 3 · 50   f) 4 · 90   g) 9 · 20   h) 6 · 30

1: Andere Rechenwege besprechen   2: Multiplikationsaufgaben bilden und lösen
3: Produkte berechnen; Vertauschbarkeit der Faktoren erkennen   4: Multiplikationsaufgaben finden
und lösen   5: In Produkte mit einer Zehnerzahl zerlegen   6: Aufgaben finden und lösen

94

AH 45 | TÜ 41

1 Herr Kunze stellt die leeren Flaschen in die Kästen. In jeden Kasten passen 20 Flaschen. Wie viele Kästen benötigt er für 60 Flaschen?

Rechne so:

$$60 : 20$$
Wenn $6 : 2 = 3$ ist,
dann ist $60 : 20 = 3$.

a) Berate mit deinem Lernpartner, wie ihr anders rechnen könnt.

b) Wie viele Kästen werden benötigt für:
80 Flaschen, 100 Flaschen, 160 Flaschen, 200 Flaschen, 220 Flaschen, 400 Flaschen?

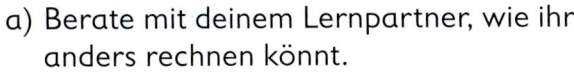

4 5 8
10
11 20

Tipp:
Zuerst die bekannte Aufgabe lösen, dann das Ergebnis übertragen.

2 Berechne den Quotienten.

a) $350 : 70$ b) $720 : 80$ c) $250 : 50$ d) $420 : 60$ e) $270 : 30$

5 5 7
9 9

3 Setze das richtige Zeichen: < = > .

a) $6 \cdot 90 \;\bigcirc\; 8 \cdot 70$ b) $490 : 70 \;\bigcirc\; 49 : 7$ c) $350 : 50 \;\bigcirc\; 360 : 60$
    $60 \cdot 4 \;\bigcirc\; 30 \cdot 8$ $800 : 80 \;\bigcirc\; 72 : 8$ $280 : 40 \;\bigcirc\; 180 : 30$

4 Welche Zahlen kannst du einsetzen?

a) $\blacksquare \cdot 40 < 240$ b) $\blacksquare \cdot 70 < 210$ c) $\blacksquare : 50 < 4$ d) $\blacksquare : 90 < 6$

5 Für die Eintrittskarten zum Streichelzoo hat die Lehrerin von 30 Kindern insgesamt 180 Euro eingesammelt. Wie viel kostet eine Eintrittskarte?

6 Maria kauft zum Geburtstag ihrer Mutti einen Strauß Rosen. Sie bezahlt dafür 7,20 €. Eine Rose kostet 80 ct. Wie viele Rosen hat sie gekauft?

WIEDERHOLE

1. $7 \cdot 9$ 2. $8 \cdot 3$ 3. $24 : 6$ 4. $63 : 7$ 5. Setze das Zeichen: < = > .
   $6 \cdot 8$ $4 \cdot 9$ $48 : 8$ $45 : 9$ $3 \cdot 7 \;\bigcirc\; 25$ $32 : 8 \;\bigcirc\; 4$
   $5 \cdot 6$ $7 \cdot 7$ $81 : 9$ $40 : 5$ $8 \cdot 8 \;\bigcirc\; 54$ $35 : 5 \;\bigcirc\; 5$

1: Andere Lösungswege besprechen; durch 20 dividieren   2: Quotienten berechnen
3: Relationszeichen setzen   4: Alle Zahlen finden, die die Ungleichungen erfüllen
5 und 6: Inhalt erfassen; Aufgaben finden, lösen und antworten   **AH** 45 | **TÜ** 41   **95**

Punktrechnung und Strichrechnung in einer Aufgabe

1 Die 3. Klassen der Regenbogenschule
fahren in das Schullandheim.
Ein kleiner Bus und zwei große Busse
holen die Kinder ab.
Mit dem kleinen Bus fahren 18 Kinder
und mit den beiden großen Bussen
jeweils 30 Kinder.

Wie viele Kinder fahren insgesamt
in das Schullandheim?

Tom rechnet so:

$$18 + 2 \cdot 30$$
$$2 \cdot 30 = 60$$
$$18 + 60 = 78$$
$$18 + 2 \cdot 30 = 78$$

Lisa rechnet anders:

$$18 + 2 \cdot 30$$
$$18 + \quad 60 \quad = 78$$
$$18 + 2 \cdot 30 = 78$$

Ben rechnet noch anders:

$$2 \cdot 30 + 18$$
$$60 \quad + 18 = 78$$
$$2 \cdot 30 + 18 = 78$$

a) Welche Rechenart haben alle drei Kinder zuerst ausgeführt?
b) Wie können die Kinder auf die Fragen antworten?

> Punktrechnung (· und :)
> geht vor Strichrechnung (+ und −).
>
> **MERKE DIR**

2
a) $20 + 3 \cdot 40$
$45 + 5 \cdot 30$
$32 + 2 \cdot 70$
$18 + 4 \cdot 60$

b) $7 \cdot 60 + 41$
$8 \cdot 30 + 15$
$9 \cdot 20 + 57$
$4 \cdot 50 + 39$

c) $9 \cdot 40 - 160$
$4 \cdot 60 - \ 87$
$3 \cdot 90 - 185$
$6 \cdot 50 - 260$

d) $460 - 7 \cdot 60$
$249 - 6 \cdot 40$
$237 - 3 \cdot 70$
$828 - 9 \cdot 90$

> 9 18 27 40 40 85 140 153 172 195 200 237 239 255 258 461

3
a) $140 : 70 + 18$
$360 : 60 + 44$
$280 : 40 + 93$
$480 : 80 + 19$

b) $45 - 300 : 60$
$71 - 560 : 80$
$105 - 720 : 90$
$102 - 270 : 30$

c) $62 + 4 \cdot 20$
$35 + 7 \cdot 40$
$210 + 5 \cdot 30$
$190 + 6 \cdot 30$

d) $40 \cdot \ 6 - 55$
$60 \cdot \ 3 + 64$
$98 + \ 4 \cdot 40$
$52 - 64 : \ 8$

> 20 25 40 44 50 64 93 97 100 142 185 244 258 315 360 370

1: Erkennen, dass mit der Multiplikation begonnen wird; Antwortsatz formulieren
2 und 3: Merksatz anwenden

1 Anna rechnet so:

6 + 4 · 20
6 + 80 = 86
6 + 4 · 20 = 86

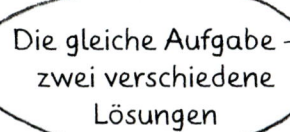

Die gleiche Aufgabe – zwei verschiedene Lösungen

6 + 4 · 20

Max rechnet anders:

6 + 4 · 20
10 · 20 = 200
6 + · 20 = 200

Welches Ergebnis ist richtig?
Begründe deine Entscheidung.

2 Wo wurde falsch gerechnet?
Sprich darüber und löse die Aufgaben richtig.

a) 4 + 2 · 30 = 180
6 + 4 · 40 = 166
5 + 3 · 20 = 160

b) 42 − 2 · 6 = 30
80 − 5 · 5 = 55
12 + 8 · 4 = 80

c) 15 + 25 : 5 = 8
20 − 10 : 2 = 5
20 − 16 : 4 = 1

d) 30 : 3 + 18 : 3 = 16
90 : 9 + 20 : 4 = 15
60 : 10 − 16 : 8 = 8

3
a) 3 · 10 + 5 · 60
2 · 20 + 4 · 50
6 · 30 + 2 · 40
7 · 40 + 3 · 20

b) 7 · 30 − 4 · 20
9 · 20 − 3 · 50
4 · 40 − 5 · 20
6 · 50 − 8 · 30

c) 490 : 7 − 360 : 6
240 : 4 − 160 : 8
540 : 6 − 450 : 5
720 : 8 − 420 : 7

MERKE DIR
Erst die Punktrechnung, dann die Strichrechnung.

4 Setze das richtige Zeichen: < = >.

a) 3 · 10 + 5 · 60 ⬤ 8 · 70
2 · 20 + 4 · 50 ⬤ 30 · 8

b) 560 : 70 ⬤ 56 : 7
640 : 80 ⬤ 72 : 8

c) 300 : 50 ⬤ 420 : 60
240 : 40 ⬤ 180 : 30

5

Zum Fasching wurden 6 Bleche mit je 40 Pfannkuchen und 5 Bleche mit je 30 Pfannkuchen geliefert. Wie viele Pfannkuchen erhielt die Schule insgesamt?

6 Die Schule Sonnenschein benötigt für eine Wanderfahrt Busse mit insgesamt 290 Plätzen. Das Reisebüro bietet Busse mit 40, 50 oder 60 Sitzplätzen an. Wie viele Busse von jeder Größe werden gebraucht?

Tipp: Es gibt verschiedene Möglichkeiten.

1: Richtiges Ergebnis begründen   2: Fehler finden und berichtigen
3: Regel anwenden   4: Regel anwenden; Relationszeichen setzen
5 und 6: Inhalt erfassen; Aufgabe finden, lösen und antworten

AH 46 | TÜ 42 97

Aufgaben mit Klammern

Wir kaufen 4 Tüten Eis.

In jeder Tüte sind 3 gelbe und 2 grüne Kugeln.

1

Wie viele Kugeln Eis haben die Kinder insgesamt gekauft?
Maria rechnet vor:

4 Tüten   3 gelbe und 2 grüne Kugeln in jeder Tüte

$$4 \cdot (3 + 2)$$
$$(3 + 2) = 5$$
$$4 \cdot 5 = 20$$
$$4 \cdot (3 + 2) = 20$$

Tipp:
Immer erst die Aufgabe in der Klammer lösen.

a) Ben kauft für seine Freunde 3 Tüten Eis.
   In jeder Tüte sind 2 weiße Kugeln und 1 rosa Kugel.
b) Lisa kauft 5 Eisbecher für ihre Geburtstagsgäste.
   In jedem Eisbecher sind 2 Schokokugeln und 2 Vanillekugeln.
Wie viele Kugeln Eis hat jedes Kind gekauft?
Finde die Aufgaben und löse sie. Antworte.

2 Rechne. Beachte dabei den Tipp.

a)	b)	c)	d)
$4 \cdot (7 + 2)$	$3 \cdot (20 + 30)$	$8 \cdot (9 - 6)$	$6 \cdot (90 - 50)$
$9 \cdot (6 + 4)$	$6 \cdot (40 + 50)$	$5 \cdot (12 - 7)$	$3 \cdot (80 - 70)$
$(2 + 6) \cdot 5$	$(90 + 10) \cdot 7$	$(16 - 9) \cdot 4$	$(70 - 40) \cdot 2$
$(3 + 4) \cdot 8$	$(70 + 20) \cdot 4$	$(14 - 5) \cdot 5$	$(60 - 60) \cdot 9$

| 0 | 24 | 25 | 28 | 30 | 36 | 40 | 45 | 56 | 60 | 90 | 150 | 240 | 360 | 540 | 700 |

WIEDERHOLE

1. a)	b)	2. a)	b)	3.
$6 + 8$	$17 - 9$	$8 \cdot 6$	$64 : 8$	$5 \cdot 30 - 4 \cdot 20$
$9 + 7$	$12 - 7$	$4 \cdot 9$	$81 : 9$	$2 \cdot 70 + 3 \cdot 30$
$6 + 5$	$11 - 5$	$7 \cdot 5$	$42 : 6$	$320 : 80 - 160 : 40$
$4 + 9$	$13 - 6$	$4 \cdot 10$	$80 : 40$	$360 : 60 + 280 : 70$

1 a) (54 − 6) : 8   b) 60 : (40 + 20)   **2** 4 · (260 − 60)
    (18 + 12) : 6   350 : (90 − 20)   (370 + 80) : 50
    49 : (11 − 4)   (240 + 40) : 70   490 : (40 + 30)
    56 : (5 + 2)   (640 − 80) : 80   (60 + 30) · 9

```
 1 4 5 5
  6 7 7
  7 8 9
800 810
```

3 Setze das richtige Zeichen: < = > .

a) 4 · (90 − 40) ⬤ 250   b) 6 · (80 − 30) ⬤ 300   c) (20 + 70) : 3 ⬤ 20
    5 · (70 + 30) ⬤ 400   9 · (50 + 40) ⬤ 820   (480 − 60) : 7 ⬤ 100

4 Finde die Aufgaben und löse sie.

a) Multipliziere die Summe aus den
Zahlen 46 und 14 mit der Zahl 7.

Multiplizieren ▷ (·)

b) Multipliziere die Differenz aus den
Zahlen 90 und 40 mit 8.

Dividieren ▷ (:)

c) Dividiere die Summe aus den
Zahlen 320 und 40 durch die Zahl 60.

Summe ▷ (3 + 5)

d) Dividiere die Differenz aus den
Zahlen 64 und 8 durch die Zahl 7.

Differenz ▷ (8 − 2)

5 In der Arbeitsgemeinschaft „Lustiges Basteln"
sind 12 Mädchen und 8 Jungen. Für jedes Kind
wurde für 7 Euro Bastelmaterial gekauft.
Wie viel musste insgesamt bezahlt werden?

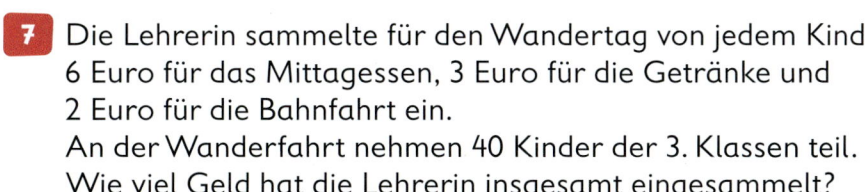

6 Die Federballspieler des Sportvereins „Schneller Ball"
haben neue Sporthosen und T-Shirts bekommen.
Eine Sporthose kostete 13 Euro und ein T-Shirt 7 Euro.
Insgesamt hat die neue Sportkleidung 600 Euro gekostet.
Für wie viele Sportler wurde eine neue Sportkleidung gekauft?

7 Die Lehrerin sammelte für den Wandertag von jedem Kind
6 Euro für das Mittagessen, 3 Euro für die Getränke und
2 Euro für die Bahnfahrt ein.
An der Wanderfahrt nehmen 40 Kinder der 3. Klassen teil.
Wie viel Geld hat die Lehrerin insgesamt eingesammelt?

Multiplizieren zweistelliger Zahlen mit einstelligen Zahlen

1 Für ein gesundes Frühstück werden in der Parkschule Kisten mit Äpfeln angeliefert.
In einer Kiste sind 6 Reihen mit je 14 Äpfeln.
Wie viele Äpfel sind in einer Kiste?

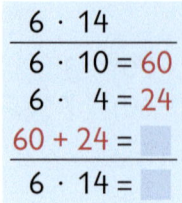

Max rechnet:

6 · 14
6 · 10 = 60
6 · 4 = 24
60 + 24 = ▢
6 · 14 = ▢

Anna rechnet mit der Tauschaufgabe:

14 · 6
4 · 6 = ▢
10 · 6 = ▢
▢ + ▢ = ▢
14 · 6 = ▢

Antworte.

2
a) 6 · 19	b) 16 · 3	c) 15 · 7	d) 3 · 17	e) 5 · 15	f) 19 · 4
5 · 14	17 · 4	19 · 7	8 · 16	2 · 18	11 · 7
7 · 13	12 · 9	14 · 8	9 · 13	0 · 16	13 · 5
6 · 17	19 · 2	17 · 5	6 · 14	3 · 13	17 · 0
4 · 18	15 · 6	16 · 7	5 · 19	7 · 17	14 · 9

> 0 0 36 38 39 48 51 65 68 70 72 75 76 77 84 85 90
> 91 95 102 105 108 112 112 114 117 119 126 128 133

3 Berechne die Produkte.
Finde zu jeder Aufgabenfolge noch zwei weitere Aufgaben.

a) 4 · 13	b) 19 · 3	c) 4 · 12	d) 18 · 2	e) 4 · 17	f) 11 · 5
4 · 14	19 · 4	4 · 14	18 · 4	5 · 17	13 · 5
4 · 15	19 · 5	4 · 16	18 · 6	6 · 17	15 · 5

4 Am Sportfest nehmen 7 Mannschaften mit je 16 Jungen und 9 Mannschaften mit je 15 Mädchen teil.
Nehmen mehr Jungen oder mehr Mädchen teil?

WIEDERHOLE

1. 7 · 8	2. 6 · 2	3. 9 · 6	4. 10 · 7	5. 9 · 10	6. 10 · 0
6 · 4	5 · 3	7 · 5	10 · 1	0 · 10	0 · 5
3 · 5	4 · 9	8 · 8	10 · 8	1 · 10	9 · 0

1: Rechenwege nachvollziehen   2: Multiplizieren   3: Produkte berechnen, weitere Produkte zu den Aufgabenfolgen finden   4: Inhalt erfassen; Aufgaben finden, lösen und antworten

AH 48 | **TÜ** 44, 46

1 Die Kinder der Parkschule trinken täglich
insgesamt 87 Flaschen Frucht- und Kakaomilch.

a) Wie viele Flaschen trinken sie an 3 Tagen?
Rechne im Heft wie Max und Anna.

Max rechnet: Anna rechnet mit der Tauschaufgabe:

3 · 87	87 · 3
3 · 80 = ☐	7 · 3 = ☐
3 · 7 = ☐	80 · 3 = ☐
☐ + ☐ = ☐	☐ + ☐ = ☐
3 · 87 =	87 · 3 =

Antworte.

b) Berechne die Anzahl der Flaschen, die die Kinder an 2 und an 4 Tagen trinken.

2
a)	b)	c)	d)
8 · 36	82 · 9	54 · 7	6 · 93
7 · 75	76 · 8	33 · 8	5 · 47
6 · 93	94 · 5	45 · 6	8 · 45
8 · 38	67 · 6	27 · 8	7 · 38
4 · 29	53 · 7	73 · 6	4 · 97

3
9 · 98	728
104 · 7	759
253 · 3	882
3 · 308	924
302 · 4	1208

```
116  216  235  264  266  270  288  304  360  371
378  388  402  438  470  525  558  558  608  738
```

4 Berechne die Produkte. Finde zu jeder Aufgabenfolge noch zwei weitere Aufgaben.

a)	b)	c)	d)	e)	f)
5 · 41	4 · 89	2 · 67	2 · 79	1 · 53	1 · 85
5 · 42	4 · 87	4 · 67	4 · 77	3 · 53	3 · 87
5 · 43	4 · 85	6 · 67	6 · 75	5 · 53	5 · 89

5 Bilde Aufgaben und löse sie.

das Doppelte von 98	das 6-Fache von 38	das 7-Fache von 28	das 5-Fache von 75	das 9-Fache von 57
das 3-Fache von 87	das 4-Fache von 83	das 9-Fache von 46	das 8-Fache von 92	das 6-Fache von 78

WIEDERHOLE

1.	2.	3.	4.	5.	6.
6 · 9	8 · 4	9 · 3	6 · 20	2 · 10	5 · 10
5 · 4	7 · 8	5 · 8	5 · 40	4 · 20	2 · 20
5 · 6	7 · 7	6 · 7	8 · 70	2 · 25	6 · 250

1: Rechenwege nachvollziehen   2 und 3: Multiplizieren
4: Produkte berechnen, weitere Produkte zu den Aufgabenfolgen finden
5: Aufgaben bilden und lösen

AH 48 | **TÜ** 44, 46   101

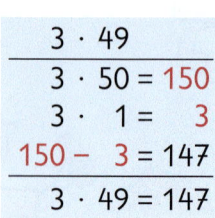

Multiplizieren – Rechenvorteile nutzen

3 · 49
3 · 50 = 150
3 · 1 = 3
150 − 3 = 147
3 · 49 = 147

Finde den Rechenvorteil und erkläre ihn.

18 · 6
20 · 6 = 120
2 · 6 = 12
120 − 12 = 108
18 · 6 = 108

1 Rechne vorteilhaft.

a) 39 · 7
19 · 8
69 · 4
79 · 3

b) 78 · 6
58 · 5
88 · 7
68 · 4

c) 5 · 49
6 · 38
7 · 69
4 · 59

2 Berechne die Produkte. Was fällt dir auf?

a) 23 · 2
123 · 2
223 · 2
323 · 2

b) 7 · 3
17 · 3
117 · 3
217 · 3

c) 6 · 4
16 · 4
116 · 4
216 · 4

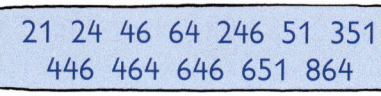

152 228 236 237 245 272
273 276 290 468 483 616

21 24 46 64 246 51 351
446 464 646 651 864

3

·	30	31	32	33	34
5					
7					
9					

4 Setze das richtige Zeichen: < = >.

a) 12 · 8 ● 10 · 19
18 · 6 ● 10 · 9
44 · 5 ● 55 · 4
38 · 2 ● 29 · 3

b) 25 · 3 ● 9 · 8
35 · 4 ● 18 · 7
62 · 0 ● 88 · 0
77 · 1 ● 1 · 44

5 Wahr oder falsch?
Wenn ich einen Faktor verdopple und den anderen Faktor halbiere,
dann ändert sich das Ergebnis nicht.

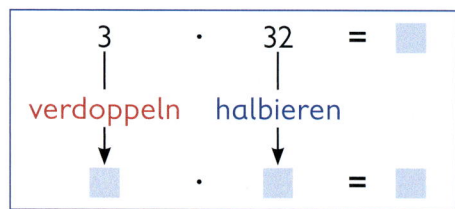

Überprüfe die Aussage.

a) 4 · 18
5 · 22
2 · 48
8 · 66

b) 26 · 12
14 · 20
18 · 6
22 · 4

c) 14 · 8
36 · 6
24 · 4
32 · 8

6 Aus einer Zwickauer Grundschule wollen
93 Kinder in die Jugendherberge nach
Bad Schandau fahren. Die Herberge hat drei Etagen.
In jeder Etage sind 16 Zimmer mit je 2 Betten.
Reichen die Betten für alle Kinder?

1: Rechenvorteile erkennen und nutzen   2: Multiplizieren; Besonderheiten erkennen
3 und 4: Produkte berechnen und vergleichen   5: Aussage überprüfen
6: Inhalt erfassen; Aufgabe finden, lösen und antworten

102

AH 48

1 Schreibe jede Zahl als Produkt zweier Zahlen.
Gib immer mindestens zwei Möglichkeiten an.

Schreibe so:	a) 24	b) 44	c) 160	d) 100
18 = 2 · 9	30	72	450	120
18 = 3 · 6	16	12	660	240
	36	32	250	360

2 Maria behauptet, dass alle drei Aufgaben das gleiche
Ergebnis haben. Überprüfe, ob das stimmt.

a) 36 · 2	b) 4 · 16	c) 9 · 4	d) 7 · 8
18 · 4	8 · 6	18 · 2	14 · 4
8 · 9	2 · 32	36 · 1	48 · 2

3 Pass auf. Löse immer zuerst die Aufgabe in der Klammer.

a) (9 + 7) · 6	b) 4 · (8 + 5)	c) (27 + 9) · 2
(4 + 8) · 9	7 · (9 + 9)	(18 + 6) · 3
(7 + 8) · 4	9 · (7 + 8)	(23 + 8) · 9
(6 + 9) · 8	6 · (5 + 9)	(67 + 7) · 6
(5 + 5) · 7	8 · (6 + 7)	(39 + 5) · 7

52 60 70 72
72 84 96
104 108 120
126 135 279
308 444

4 a)
Multipliziere die Summe
aus den Zahlen 46 und 27
mit der Zahl 8.

b)
Berechne das Produkt
aus der Zahl 6 und der Summe
der Zahlen 27 und 69.

5

Familie Fröhlich plant einen sechstägigen Wanderurlaub.
Täglich will sie eine Strecke von 18 km zurücklegen.
Wie viele Kilometer ist sie am Ende ihres Urlaubes
gewandert?

6 Anna hat 32 Münzen zu je 2 Cent und 27 Münzen zu je 5 Cent.
Lisa hat 26 Münzen zu je 2 Cent und 32 Münzen zu je 5 Cent.

a) Welches der beiden Kinder hat mehr Geld?
b) Gib die Geldbeträge der Kinder in Euro und Cent an.
c) Schreibe den jeweiligen Betrag in Kommaschreibweise.

1: Zahlen als Produkt zweier Zahlen darstellen   2 und 3: Produkte berechnen
4 bis 6: Inhalt erfassen; Aufgaben finden, lösen und antworten

AH 48 103

Dividieren zweistelliger Zahlen durch einstellige Zahlen

1 Zum Schwimmkurs im Stadtbad haben sich
51 Kinder angemeldet. Sie üben in drei Gruppen.
Wie viele Kinder sind in einer Übungsgruppe?

Tom rechnet:

$51 : 3$
$30 : 3 = 10$
$21 : 3 = 7$
$10 + 7 = 17$
$51 : 3 = 17$

Tipp: Überprüfe mit der Umkehraufgabe.

Lisa überprüft:

$3 \cdot 17$
$3 \cdot 10 = 30$
$3 \cdot 7 = 21$
$30 + 21 = 51$
$3 \cdot 17 = 51$

a) Erkläre, wie Tom gerechnet hat.
b) Worauf musst du beim Zerlegen der zweistelligen Zahlen achten?
c) Antworte.

2 Dividiere wie Tom.

a)	b)	c)	d)
$48 : 3$	$91 : 7$	$63 : 3$	$78 : 6$
$84 : 6$	$88 : 4$	$75 : 5$	$84 : 7$
$96 : 8$	$81 : 3$	$96 : 4$	$85 : 5$
$72 : 3$	$66 : 2$	$96 : 6$	$69 : 3$

$56 : 4$
Zerlege die zweistellige Zahl. Achte auf die passende Zehnerzahl.

12 12 13 13 14 15 16 16 17 21 22 23 24 24 27 33

3 Dividiere und überprüfe mit der Umkehraufgabe.

a)	b)	c)	d)	e)	f)
$87 : 3$	$76 : 4$	$57 : 3$	$98 : 2$	$72 : 4$	$78 : 6$
$99 : 9$	$90 : 6$	$65 : 5$	$56 : 4$	$99 : 3$	$52 : 4$
$78 : 2$	$96 : 8$	$84 : 3$	$96 : 6$	$58 : 2$	$38 : 2$
$36 : 6$	$84 : 7$	$70 : 5$	$85 : 5$	$84 : 6$	$91 : 7$

4 Immer zwei Aufgaben haben das gleiche Ergebnis. Finde sie.

$42 : 3$ $72 : 9$ $44 : 4$ $45 : 3$ $75 : 5$ $56 : 7$

$84 : 6$ $33 : 3$ $38 : 2$ $76 : 4$ $34 : 2$ $68 : 4$

1.	**2.**	**3.**	**4.**	**5.**	**6.**	**WIEDERHOLE**
$18 : 2$	$25 : 5$	$50 : 10$	$7 \cdot 6$	$9 \cdot 8$	$5 \cdot 9$	
$14 : 2$	$40 : 5$	$70 : 10$	$4 \cdot 8$	$7 \cdot 6$	$3 \cdot 7$	
$20 : 2$	$15 : 5$	$90 : 10$	$6 \cdot 5$	$4 \cdot 9$	$8 \cdot 6$	

1: Zerlegung erfassen und begründen; Möglichkeit der Probe verstehen   2 und 3: Dividieren,
Probe mit der Umkehraufgabe   4: Aufgaben mit gleichem Ergebnis finden

AH 49–50 | TÜ 45–46

1 Lisa und Ben rechnen vorteilhaft.

Lisa

57 : 3
60 : 3 = 20
3 : 3 = 1
20 − 1 = 19
57 : 3 = 19

Finde den Rechenvorteil und erkläre.

Tom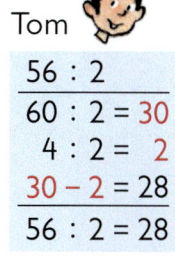

56 : 2
60 : 2 = 30
4 : 2 = 2
30 − 2 = 28
56 : 2 = 28

Erkläre, wie Lisa und Tom gerechnet haben.

2 Rechne vorteilhaft. Überprüfe das Ergebnis mit der Umkehraufgabe.

a) 38 : 2   b) 78 : 2   c) 76 : 4   d) 54 : 3   e) 72 : 4   f) 87 : 3

3 Jedes Schneckenhaus hat sechs Aufgaben. Schreibe sie auf und löse sie.

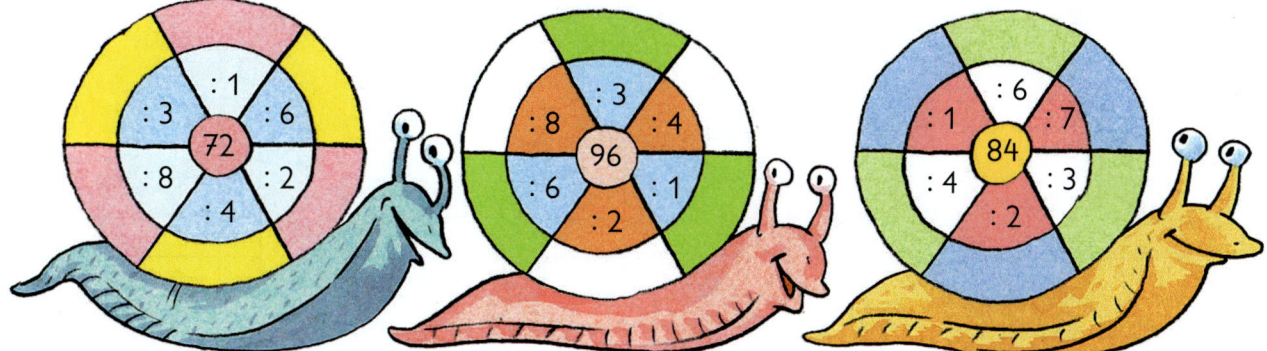

4 Wahr oder falsch?
Wenn du den Dividenden und den Divisor verdoppelst,
dann ändert sich das Ergebnis nicht.
Überprüfe die Aussage.

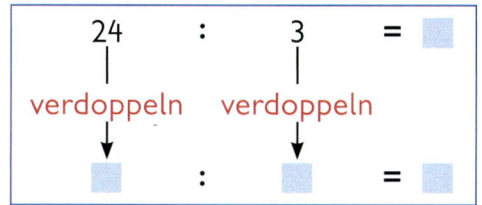

24	:	3	=	
verdoppeln		verdoppeln		
↓		↓		
	:		=	

Schreibe so:

Verdoppelt:

12 : 4 =	24 : 8 =
9 : 3 =	18 : 6 =
25 : 5 =	: =
18 : 2 =	: =
20 : 4 =	: =

5 Der Tischler zersägt eine Holzleiste von 5,60 m Länge in vier gleich lange Leisten.

a) Wie oft muss der Tischler sägen?   b) Wie lang sind die Leisten?

1 und 2: Rechenvorteile erkennen und anwenden   3: Divisionsaufgaben finden und lösen
4: Dividieren – Verdoppeln und Dividieren; Ergebnisse vergleichen
5: Inhalt erfassen; Aufgaben finden, lösen und antworten   **AH** 49–50 | **TÜ** 45–46 105

Vergleichen von Flächen

1 Welches der beiden Kinder hat recht?
Überlege, wie man die Größen dieser Flächen bestimmen kann.

2 Vergleiche die Größen dieser Flächen.
Ordne die Flächen nach ihrer Größe. Beginne mit der kleinsten Fläche.

A

B

C

D

3 Wie viele Viererquadrate 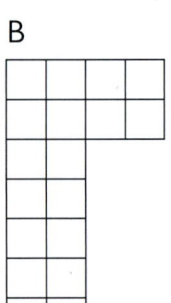 passen in jede Figur?
Schätze zuerst und prüfe dann genau.

A

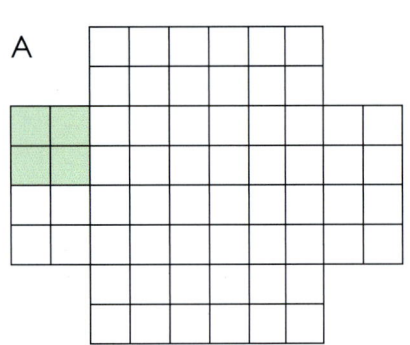

B

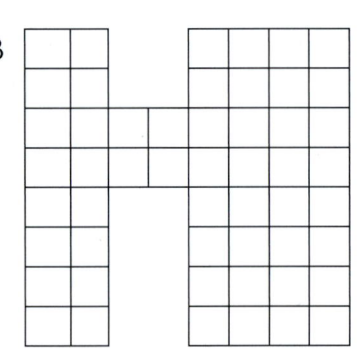

C

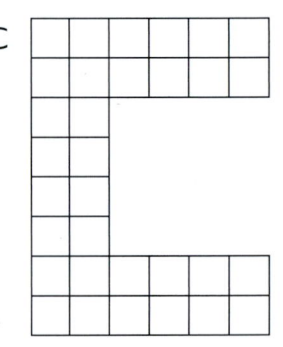

1: Kästchen zählen, Anzahl vergleichen   2: Kästchen auszählen, Anzahl vergleichen;
Flächen nach der Größe geordnet angeben   3: Schätzen, durch Auszählen prüfen

1 Figuren vergrößern
   a) Lege die Figuren mit Stäbchen nach.
      Lege dann die Figuren mit Stäbchen
      doppelt so groß.
   b) Zeichne die Figuren auf Kästchenpapier.
      Zeichne dann die Figuren
      doppelt so groß.
   c) Lege und zeichne die Figuren
      dreimal so groß.

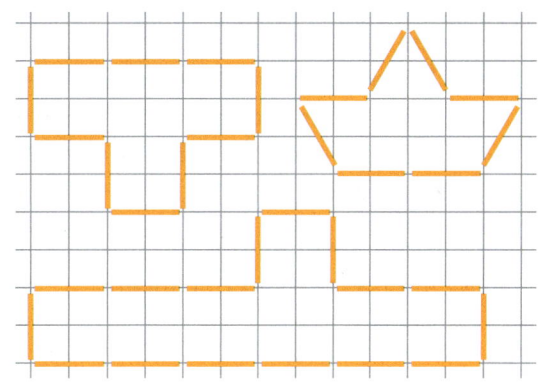

2 Zeichne die Buchstaben und Ziffern doppelt so groß.

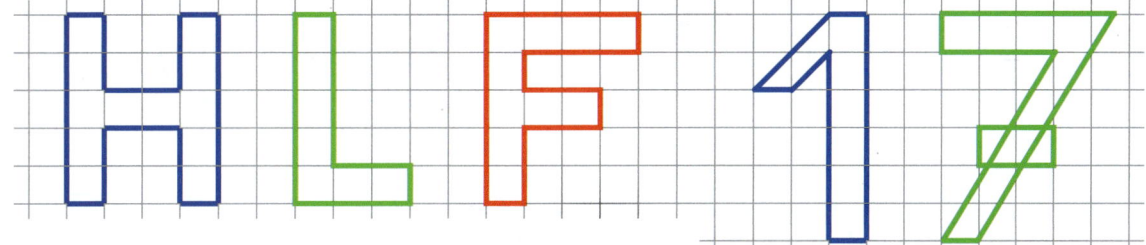

3 Figuren verkleinern
   a) Lege die Figuren mit Stäbchen nach. Lege dann die Figuren halb so groß.
   b) Zeichne die Figuren auf Kästchenpapier. Zeichne dann die Figuren halb so groß.

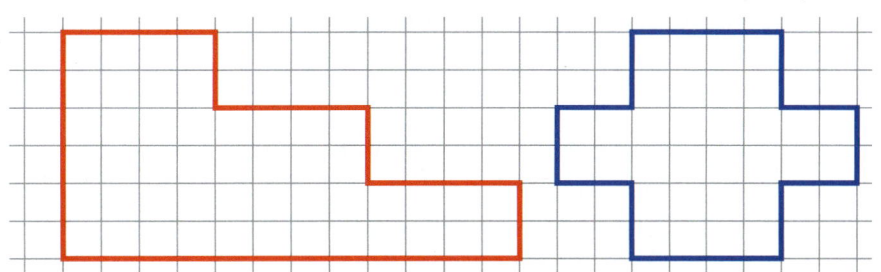

Zeichnen von Kreisen

1 Miss die Durchmesser der Ringe dieser Kreisscheibe.
Gib den Durchmesser und den Radius
für jeden Ring in Millimeter an.

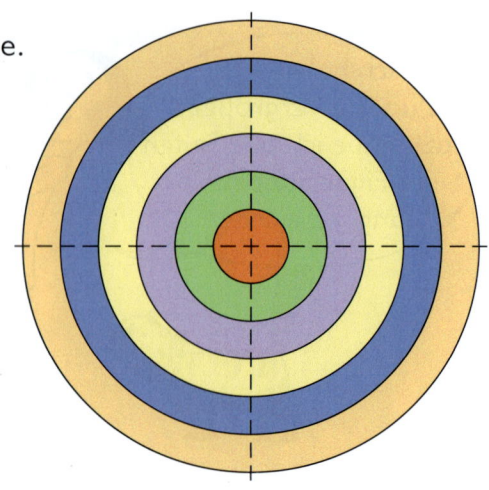

2 Wie viele Kreise
entdeckst du?

3 a) Zeichne um einen Punkt M vier Kreise.
   Der erste Kreis hat einen Durchmesser von 2 cm.
   Bei den weiteren Kreisen ist der Durchmesser immer 1 cm größer
   als bei dem vorangegangenen Kreis.
b) Schreibe zu jedem Kreis den Durchmesser in Zentimeter und Millimeter auf.

4 Zeichne zwei Kreise mit einem Radius von 35 mm so, dass sie sich
a) in einem Punkt berühren,   b) in zwei Punkten schneiden.

5 Anna behauptet,
dass die roten Kreise
alle gleich groß sind.
Stimmt das?

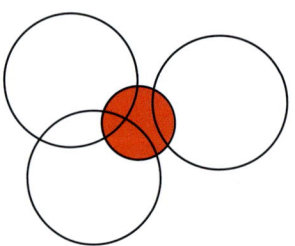 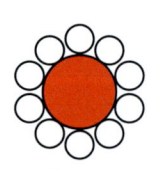 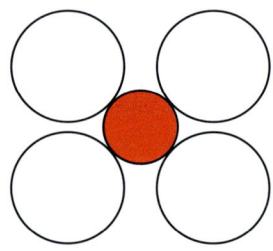

6 Zeichne ein Quadrat mit der Seitenlänge von 6 cm.
Zeichne in das Quadrat einen Kreis so, dass er alle vier Seiten
des Quadrates berührt.
Überlege zuerst, wie du den Mittelpunkt für den Kreis findest.

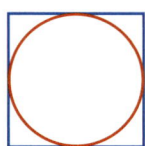

7 Zeichne verschiedene Kreismuster und färbe sie.

---

1. Wie groß ist der Radius, wenn der Durchmesser
   8 cm, 60 mm, 2 cm beträgt?
2. Wie groß ist der Durchmesser, wenn der Radius
   40 mm, 10 cm, 18 cm beträgt?

WIEDERHOLE

108

1: Durchmesser messen, Größe in cm und mm angeben   2: Anzahl der Kreise feststellen
3 und 4: Kreise nach Vorgabe zeichnen   5: Möglichkeiten zur Überprüfung der Aussage diskutieren
6: Quadrat und Kreis zeichnen   7: Kreismuster zeichnen und färben   **AH** 53 | **TÜ** 49

Zeichnen von Bandornamenten

1 Beschreibe das Bandornament. Wo hast du schon Bandornamente gesehen?

Übertrage die Bandornamente in dein Heft und zeichne sie weiter.

2
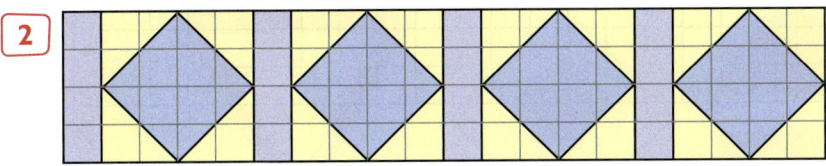

4

3

5 Das sind fehlerhafte Bandornamente. Suche die Fehler.

a)

b)

6 Zeichne selbst ein Bandornament und erkläre es deinem Lernpartner und der Klasse.

1: Bandornament beschreiben, weitere Beispiele nennen   2 bis 4: Bandornamente weiterführen
5: Fehler finden   6: Eigene Bandornamente zeichnen und erklären

Achsensymmetrische Figuren

1 Sind die abgebildeten Dinge achsensymmetrisch? Überprüfe es mit dem Spiegel und begründe.

> **MERKE DIR**
>
> Achsensymmetrische Figuren haben deckungsgleiche Hälften. Sie haben eine Symmetrieachse.

 **2**

Lege auf jedes Verkehrszeichen die Symmetrieachsen mit Stäbchen.

Tipp:
Eine Figur kann auch mehrere Symmetrieachsen haben.

3

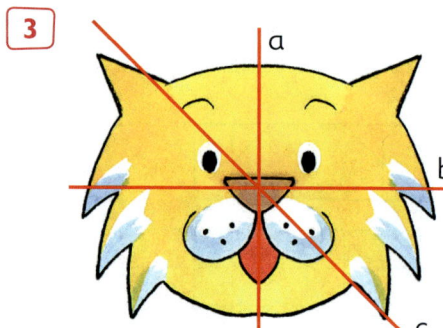

a, b, c, d, e, f, g, h, i

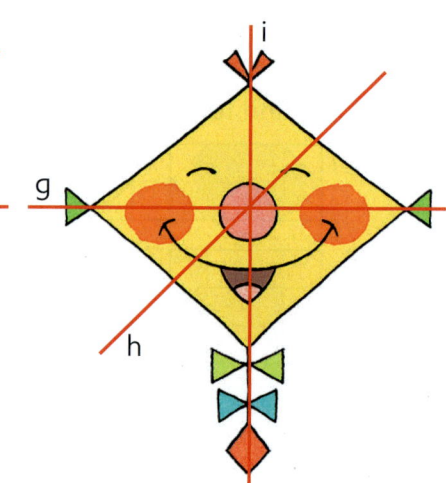

Welche Linien sind keine Symmetrieachsen? Der Spiegel hilft dir beim Überprüfen.

110

1: Achsensymmetrie überprüfen
2: Mit Stäbchen die Symmetrieachse legen; alle Möglichkeiten erörtern
3: Linien ermitteln und Begründung geben

AH 54–55 | **TÜ** 50

1 Lege zu jeder Figur die Symmetrieachsen mit Stäbchen.
Welche Figuren haben keine Symmetrieachse?

a) 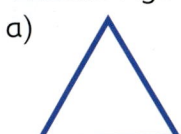   b)    c)

d)   e) 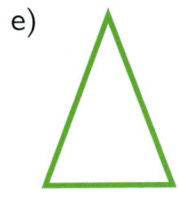   f) 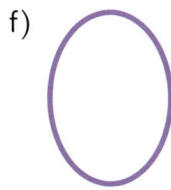   g)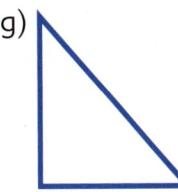

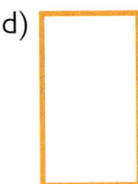

h) **Z**   i) **MAMA**   j) **H**   k) **R**   l) **OTTO**   m) **UHU**

Frage deinen Spiegel.

VIER FIGUREN HABEN KEINE SYMMETRIEACHSE

2 Zeichne folgende Figuren:
Kreis: r = 3 cm
Quadrat: Seitenlänge 5 cm
Rechteck: Seitenlängen 4 cm und 6 cm

Zeichne Symmetrieachsen in
die Figuren ein.
Wie viele Symmetrieachsen hat jede Figur?

3 Lege mit fünf Plättchen (Quadrate)
symmetrische Figuren.
Zeichne sie in dein Heft.
Zeichne die Symmetrieachsen ein.

Beispiel: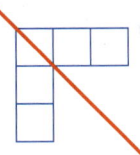

4 Zeichne jede Figur in dein Heft.
Ergänze dann zu einer symmetrischen Figur.

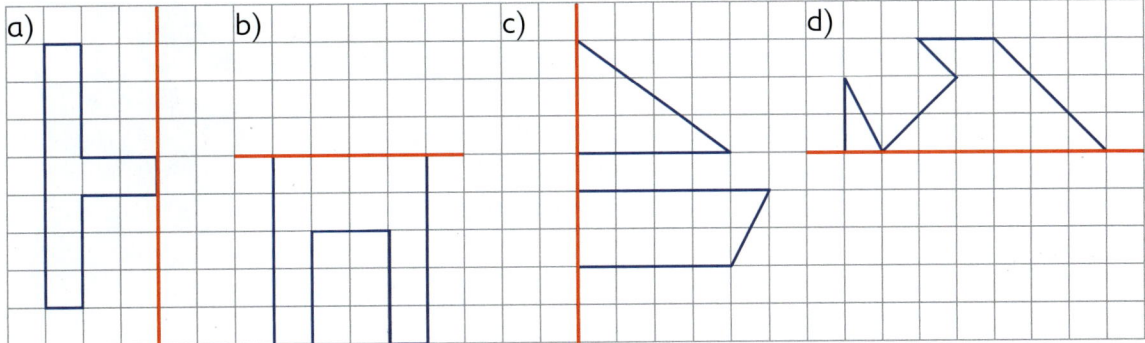

1: Symmetrieachsen legen; Anzahl der nicht symmetrischen Figuren bestimmen   2: Figuren zeichnen
und Anzahl der Symmetrieachsen ermitteln   3: Symmetrische Figuren legen und zeichnen;
Symmetrieachsen einzeichnen   4: Zu symmetrischen Figuren ergänzen   **AH** 54–55 | **TÜ** 50   111

Freundeseiten – Lernen mit dem Partner oder in der Gruppe

1 Aufgaben finden und lösen

Zieht abwechselnd immer 3 Zifferkarten.
Bildet damit Multiplikationsaufgaben und
Divisionsaufgaben.
Für jede gelegte Aufgabe gibt es 1 Plättchen
und für jede richtige Lösung gibt es noch ein
Plättchen.
Legt die Ziffernkarten in den Stapel zurück.
Sieger ist, wer nach 5 Runden die meisten
Plättchen hat.

2 Aufgaben am laufenden Band

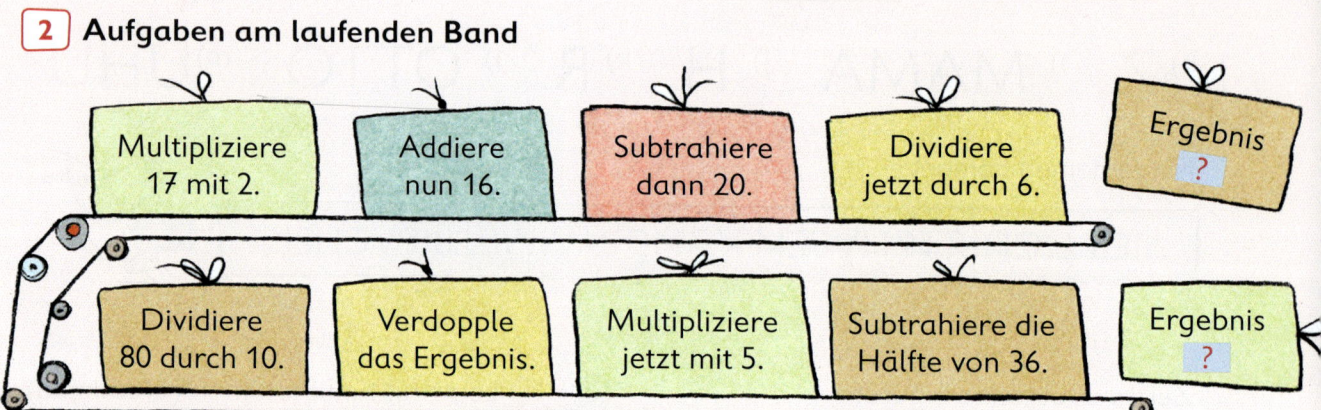

Erfinde selbst zwei Bandaufgaben. Dein Lernpartner muss sie lösen.

3 Rechentrick zur Bestimmung des Alters

So bekommst du das Alter deines Lernpartners heraus:

Dein Lernpartner:
○ Er verdoppelt sein Alter.
○ Zum Ergebnis addiert er 5.
○ Dann multipliziert er mit 5.
○ Er nennt dir das Ergebnis.
Du:
○ Vom Ergebnis streichst du die letzte Ziffer weg.
○ Subtrahiere dann 2 von der verbleibenden Zahl.
Das Ergebnis ist das Alter deines Lernpartners.

Bestimme mit diesem Rechentrick
das Alter anderer Personen.

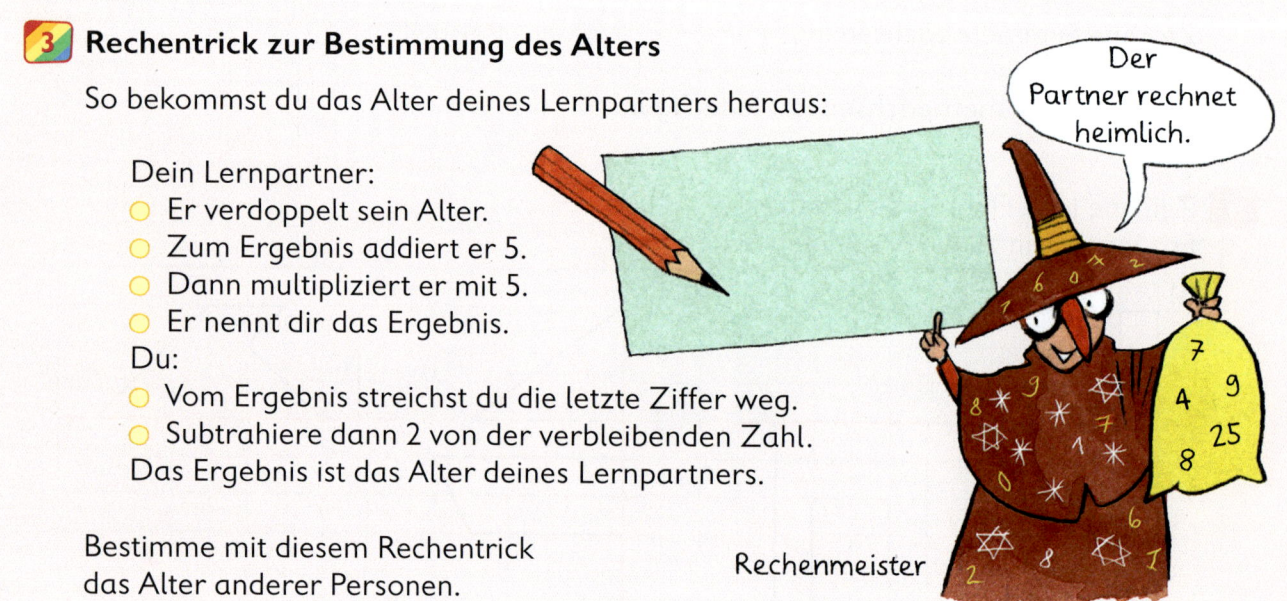

Der Partner rechnet heimlich.

Rechenmeister

1: Aufgaben bilden und lösen   2: Aufgaben lösen; selbst solche Aufgaben erfinden
3: Rechentrick nutzen, um das Alter zu bestimmen

1 Kinder auf der Gartenbank

Auf der Bank im Schulgarten sitzen Kinder.
Jedes Kind hat 70 cm Platz.
Ein weiteres Kind setzt sich dazu. Jetzt hat
jedes Kind nur noch 60 cm Platz.

a) Wie lang ist die Bank?
b) Wie viele Kinder saßen zuerst auf der Bank?

Tipp:
Die Länge der Bank muss ein
Vielfaches der Platzbreite sein.

2 Ein Blumenbeet vergrößern

Ein Blumenbeet hat die Form eines Quadrates.
Es liegt zwischen 4 Steinkugeln.
Der Gärtner möchte es so umgestalten,
dass ein doppelt so großes Quadrat entsteht.
Die Steinkugeln bleiben an der gleichen Stelle.

Wie kann er das Beet anlegen?

Tipps, die euch helfen:
• Zeichnet das Quadrat ab.
• Zeichnet Geraden so ein, dass vier gleich große Dreiecke entstehen.
• Schneidet die Dreiecke aus.
• Legt die Dreiecke an das abgebildete Quadrat an.

3 Quadrate zum Bepflanzen

Für die Bepflanzung wurden diese Quadrate mit Holzleisten
gelegt. Der Gärtner nimmt 4 Leisten so weg, dass nur
5 Quadrate übrig bleiben.
Welche Holzleisten hat er weggenommen?

Tipp:
Legt die Figur mit Stäbchen nach.
Nehmt dann vier Stäbchen weg.

1: Länge der Bank und Anzahl der Kinder bestimmen
2: Aufgabe durch Zeichnen, Ausschneiden und Legen lösen
3: Aufgabe durch Legen mit Stäbchen lösen

113

Multiplizieren zweistelliger Zahlen mit Zehnerzahlen

1 Im Stadtpark werden die Rabatten neu bepflanzt.
Es stehen 23 Kisten mit je 30 Blumen bereit.

a) Wie viele Blumen werden gepflanzt?
Rechne wie Max und Anna.

Max rechnet:

$30 \cdot 23$
$30 \cdot 20 = \square$
$30 \cdot 3 = \square$
$\square + \square = $
$30 \cdot 23 = $

Anna rechnet:

$30 \cdot 23$
$3 \cdot 23 = \square$
$10 \cdot \square = $
$30 \cdot 23 = $

Antworte.

b) Wie viele Blumen sind in 15 Kisten, 22 Kisten, 25 Kisten und 32 Kisten?

2 a) $40 \cdot 12$
$30 \cdot 17$
$50 \cdot 18$
$70 \cdot 14$
$20 \cdot 19$

b) $20 \cdot 20$
$40 \cdot 25$
$80 \cdot 12$
$30 \cdot 28$
$40 \cdot 22$

c) $31 \cdot 30$
$26 \cdot 30$
$21 \cdot 40$
$19 \cdot 50$
$42 \cdot 20$

d) $17 \cdot 50$
$38 \cdot 20$
$33 \cdot 30$
$24 \cdot 40$
$18 \cdot 40$

3 $70 \cdot 18$
$64 \cdot 20$
$30 \cdot 29$
$35 \cdot 30$
$50 \cdot 26$

| 870 |
| 1050 |
| 1260 |
| 1280 |
| 1300 |

380 400 480 510 720 760 780 840 840 840
850 880 900 930 950 960 960 980 990 1000

4 Bilde zuerst den Überschlag.
Rechne dann genau und vergleiche den Überschlag mit dem Ergebnis.

Ü: $40 \cdot 20 = 800$

$40 \cdot 19$
$40 \cdot 10 = 400$
$40 \cdot 9 = 360$
$400 + 360 = 760$
$40 \cdot 19 = 760$

a) $30 \cdot 19$
$80 \cdot 12$
$40 \cdot 18$
$30 \cdot 31$
$40 \cdot 16$
$50 \cdot 18$

b) $40 \cdot 23$
$32 \cdot 30$
$43 \cdot 20$
$29 \cdot 30$
$20 \cdot 49$
$40 \cdot 24$

c) $18 \cdot 50$
$22 \cdot 40$
$38 \cdot 20$
$24 \cdot 30$
$28 \cdot 30$
$17 \cdot 40$

d) $20 \cdot 46$
$30 \cdot 27$
$40 \cdot 16$
$20 \cdot 48$
$30 \cdot 25$
$40 \cdot 22$

5 Bilde Aufgaben und löse sie.

| Wie heißt das Fünffache von 12? | Berechne das Produkt aus 18 und 12. | Der 1. Faktor heißt 19, der 2. Faktor 40. Wie heißt das Produkt? |

1. $20 \cdot 20$
$30 \cdot 20$
$40 \cdot 20$

2. $40 \cdot 10$
$90 \cdot 0$
$10 \cdot 50$

3. $12 \cdot 10$
$21 \cdot 10$
$10 \cdot 32$

4. $15 \cdot 10$
$15 \cdot 20$
$15 \cdot 30$

5. $22 \cdot 10$
$22 \cdot 20$
$22 \cdot 30$

6. $34 \cdot 20$
$23 \cdot 30$
$12 \cdot 40$

WIEDERHOLE

1: Verschiedene Lösungswege erkennen und nachvollziehen   2: Halbschriftlich multiplizieren
3: Multiplizieren über 1000   4: Vergleichen von Überschlag und Ergebnis
114   5: Aufgaben finden; Zahlen berechnen

AH 56 | TÜ 51

1 a) 20 · (8 + 4)   b) (6 + 9) · 30   c) 50 · (11 + 9)
50 · (6 + 9)   (7 + 4) · 60   40 · (11 + 13)
30 · (7 + 5)   (6 + 7) · 40   40 · (12 + 13)
70 · (4 + 9)   (5 + 6) · 90   30 · (7 + 25)

| 240 | 360 | 450 | 520 | 660 | 750 | 910 | 960 | 960 | 990 | 1000 | 1000 |

Tipp:
Zuerst die Aufgabe
in der Klammer
lösen, dann
multiplizieren.

2 Bilde zuerst den Überschlag, rechne dann.

a) 40 · 19   b) 29 · 30   c) 30 · 23   d) 18 · 50
60 · 11   39 · 20   40 · 16   19 · 50
30 · 31   80 · 12   30 · 32   41 · 20
20 · 24   30 · 33   70 · 12   60 · 16

480	640	660	690
760	780	820	840
870	900	930	950
960	960	960	990

3 Zu Beginn des Pflastermalens hatte
die Zeichenlehrerin 50 Pakete Kreide zu je 16 Stück.
Davon hat sie jetzt noch 20 Pakete.
a) Wie viel Stück Kreide wurden verbraucht?
b) Wie viel Stück Kreide sind noch vorhanden?

4 Rechne um.

60 ist die Zauberzahl.

a) Wie viele Minuten sind
15 Stunden, 12 Stunden,
10 Stunden, 14 Stunden?

b) Wie viele Sekunden sind
16 Minuten, 13 Minuten,
11 Minuten, 10 Minuten?

5 Max ist im Schwimmbad 14 Bahnen,
und Ben ist 16 Bahnen geschwommen.
Jede Bahn war 50 m lang. Ben behauptet,
dass er 100 Meter mehr geschwommen
ist als Max. Stimmt das?

6 Setze das richtige Zeichen: < = > .

a) 20 · 15 ⬤ 30 · 11   b) 50 · 17 ⬤ 40 · 19   c) 50 · 12 ⬤ 30 · 19
40 · 11 ⬤ 20 · 22   30 · 24 ⬤ 60 · 12   20 · 18 ⬤ 30 · 13
30 · 16 ⬤ 60 · 14   20 · 35 ⬤ 30 · 18   40 · 16 ⬤ 50 · 15
50 · 14 ⬤ 40 · 17   70 · 11 ⬤ 80 · 12   60 · 13 ⬤ 40 · 18

1: Rechnen mit Klammern   2: Überschlag mit Ergebnis vergleichen
3 und 5: Inhalt erfassen; Aufgaben finden, lösen und antworten
4: Umrechnen in Minuten/Sekunden   6: Produkte berechnen und Relationszeichen setzen

AH 56 | **TÜ** 51 115

1 Das Fahrradcenter erhielt eine Lieferung von drei Kartons. In jedem Karton waren 123 Rückstrahler verpackt. Wie viele Rückstrahler wurden insgesamt angeliefert?

Lege dreimal 123.

H	Z	E
☐	‖	⋮
☐	‖	⋮
☐	‖	⋮

zusammen:

☐ ☐ ☐	‖‖‖‖‖	⋮⋮

H Z E
1 2 3 · 3
———————
    H Z E
    3 6 9

Rechne so:
3 · 3 E = 9 E, schreibe 9
3 · 2 Z = 6 Z, schreibe 6
3 · 1 H = 3 H, schreibe 3

Antworte.

2 Rechne wie in Aufgabe 1. Sprich dazu.

a) H Z E
   3 1 2 · 3
  ———————
    H Z E

b) H Z E
   1 1 2 · 4
  ———————
    H Z E

c) H Z E
   1 2 2 · 2
  ———————
    H Z E

d) H Z E
   2 3 1 · 3
  ———————
    H Z E

3 Überschlage zuerst, multipliziere dann.

Schreibe so:

Ü: 400 · 2 = 800
413 · 2
——————
826

a) 413 · 2
321 · 3
432 · 2
122 · 4
332 · 2

b) 444 · 2
101 · 5
240 · 2
212 · 4
302 · 3

480 488 505 664 826
848 864 888 906 963

4 In jedem Fahrradreifen sind vier Multiplikationsaufgaben. Löse sie.

a)
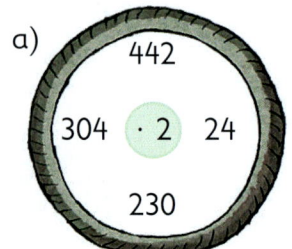
442
304 · 2 24
230

b)
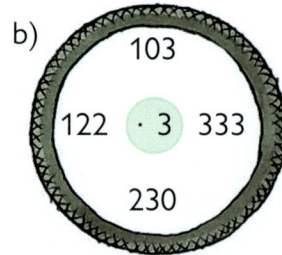
103
122 · 3 333
230

c)
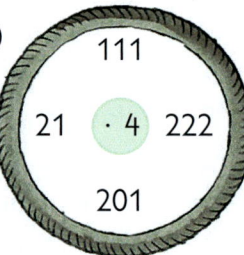
111
21 · 4 222
201

48 84 309 366 444 460 608 690 804 884 888 999

1 Heute hat der Fahrradhändler drei Kinderfahrräder für je 133 € verkauft.
Wie viel Geld hat er dafür insgesamt bekommen?

Super-Angebot

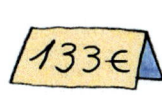

133€

Ü: 100 € · 3 = ▢ €
133 € · 3
_____
▢ €

2 Überschlage zuerst, multipliziere dann.

a) 302 € · 3	b) 4 · 103 cm	c) 232 kg · 3
102 € · 4	2 · 434 cm	341 kg · 2
220 € · 3	7 · 111 cm	303 kg · 3
121 ct · 4	2 · 342 cm	112 g · 4
404 ct · 2	0 · 345 cm	401 g · 2

Vergiss die Einheiten nicht!

3 Ein Trainer kauft für seinen Fahrradverein
zwei Mountainbikes für je 221 €.

a) Wie viel kosten beide Mountainbikes zusammen?
b) Der Trainer bezahlt mit zwei 200-Euro-Scheinen
und einem 50-Euro-Schein.
Wie viel bekommt er zurück?
c) Wie viel kosten vier Mountainbikes?

4
a) (60 + 62) · 4	b) 3 · (176 + 127)	c) 2 · (317 + 126)
(84 + 20) · 2	4 · (123 + 87)	6 · (444 − 333)
(80 + 67) · 0	2 · (443 − 121)	(104 + 119) · 3
(107 + 25) · 3	2 · (623 − 299)	(787 − 654) · 3

0 208 396 399 488 644 648 666 669 840 886 909

Achtung!
Zuerst die Aufgabe in der Klammer lösen.

1. (6 + 3) · 7	2. 5 · (8 − 2)	3. 768 + 154	4. 865 − 387	**WIEDERHOLE**
(5 + 7) · 3	6 · (10 − 4)	208 + 476	1 000 − 543	
(9 − 5) · 8	9 · (6 + 2)	452 + 439	823 − 654	
(7 − 4) · 9	8 · (9 + 4)	647 + 296	973 − 784	

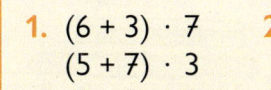

1: Schriftliches Multiplizieren mit Größen; Sachaufgabe lösen
2 und 3: Schriftliches Multiplizieren mit Größen anwenden; Sachaufgabe lösen
4: Klammerrechnung anwenden

AH 57 | **TÜ** 52, 54 117

Multiplizieren mit Übertrag

1 Maria war mit ihren Eltern im Urlaub. Das Hotel, in dem sie wohnten, hat drei Etagen. In jeder Etage sind 125 Gästezimmer.
Wie viele Zimmer hat das Hotel?

Lege dreimal 125.

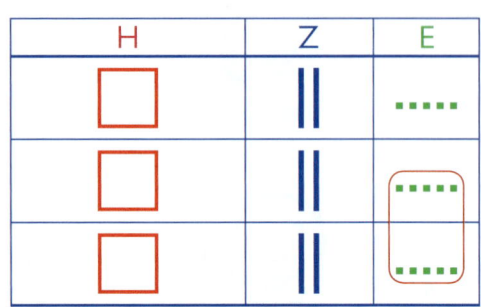

10 E = 1 Z

H	Z	E
3	6	15

H	Z	E
3	7	5

H Z E
1 2 5 · 3
H Z E
3 7 5

Rechne so: 3 · 5 E = 15 E, ich schreibe 5, ich übertrage 1 Z
3 · 2 Z = 6 Z
6 Z + 1 Z = 7 Z, ich schreibe 7
3 · 1 H = 3 H, ich schreibe 3

Antworte.

2 Überschlage zuerst, multipliziere dann.

a) 224 · 4   b) 217 · 3   c) 4 · 124   d) 208 · 3
325 · 3   103 · 5   3 · 314   112 · 5
217 · 4   427 · 2   2 · 408   4 · 219

496 515 560
624 651 816
854 868 876
896 942 975

3 Welche Aufgaben haben eine falsche Lösung? Rechne nach und berichtige.

a) 2 1 4 · 4   b) 3 0 5 · 3   c) 1 0 2 · 6   d) 4 3 8 · 2   e) 2 2 9 · 3
   2 4 6   9 2 7   6 0 2   8 7 6   6 6 7

4 Marias Eltern haben ein halbes Jahr lang monatlich 165 € für den Urlaub gespart. Der Urlaub kostet 865 €. Reicht das gesparte Geld?

5 Am letzten Urlaubstag machten Maria und ihre Eltern einen Ausflug mit einem Motorschiff. Es lief viermal zu Rundfahrten aus und war mit 127 Passagieren jeweils voll besetzt.

1: Schriftliches Multiplizieren mit Übertrag kennen lernen   2: Neues Verfahren mit Überschlagsrechnung anwenden   3: Fehler finden und berichtigen
4 und 5: Kenntnisse in Sachaufgaben anwenden

1 Rechne und sprich dazu. Achte auf die Überträge.

a) 263 · 3
382 · 2
161 · 6
273 · 3
182 · 4

b) 248 · 4
143 · 5
194 · 3
124 · 8
139 · 5

c) 213 · 3
317 · 2
185 · 5
352 · 2
299 · 3

d) 3 · 294
7 · 137
6 · 128
0 · 579
5 · 195

0	582	634	639
695	704	715	728
764	768	789	819
882	897	925	959
966	975	992	992

2

Meine Zahl ist das Doppelte von 437.

Meine Zahl ist das Dreifache von 309.

Meine Zahl ist das Fünffache von 139.

Meine Zahl ist das Vierfache von 250.

3 Vergleiche. < , = oder > ?

a) 312 · 2 ● 500
613 · 0 ● 0
250 · 4 ● 1000
128 · 5 ● 460
287 · 3 ● 951

b) 413 · 2 ● 312 · 3
394 · 2 ● 106 · 4
185 · 4 ● 4 · 185
123 · 4 ● 2 · 246
297 · 3 ● 4 · 249

4 Der Kinosaal hat 216 Plätze. Täglich gibt es drei Vorstellungen. Am Sonntag waren alle Vorstellungen ausverkauft.

Wie viele Besucher hatte das Kino am Sonntag?

5 Ergänze die fehlenden Ziffern.

a) 1■3 · 3
  459

b) ■72 · 2
  744

c) 232 · ■
  ■96

d) ■48 · 5
  74■

e) 2■■ · 3
  837

f) 356 · ■
  7■2

g) 21■ · 3
  ■54

h) ■■2 · 4
  688

i) 4■6 · 2
  ■72

j) 32■ · 3
  ■78

6 Tom hat schon 195 Fußballkarten gesammelt. In sein Album passen dreimal so viele Karten. Für wie viele Karten ist im Album noch Platz?

Dividieren dreistelliger Zahlen durch einstellige Zahlen

1

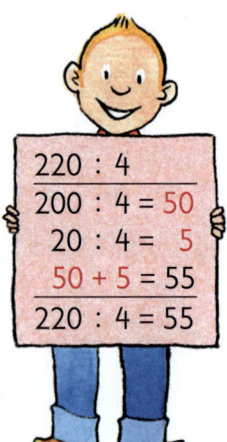

Ben verteilt 220 Spielsteine an vier Kinder.
Wie viele Steine erhält jedes Kind?

220 : 4
200 : 4 = 50
20 : 4 = 5
50 + 5 = 55
220 : 4 = 55

Ich überprüfe das Ergebnis mit der Umkehraufgabe.

4 · 55
4 · 50 = 200
4 · 5 = 20
200 + 20 = 220
4 · 55 = 220

Dividiere. Überprüfe mit der Umkehraufgabe.

2 a) 210 : 5 b) 230 : 5
110 : 2   340 : 5
240 : 4   480 : 8
330 : 6   130 : 2

3 a) 180 : 4 b) 180 : 5
280 : 8   520 : 8
170 : 2   450 : 6
270 : 6   360 : 5

35 36 42 45
45 46 55 55
60 60 65 65
68 72 75 85

4 Rechne wie Maria.

155 : 5
150 : 5 = 30
5 : 5 = 1
30 + 1 = 31
155 : 5 = 31

a) 244 : 4 b) 455 : 5 c) 216 : 6
427 : 7   252 : 6   208 : 4
819 : 9   184 : 8   639 : 9
486 : 6   364 : 7   568 : 8

23 36 42
52 52 61
61 71 71
81 91 91

5 a) 156 : 6 b) 528 : 8 c) 492 : 6 d) 891 : 9
477 : 9   384 : 4   445 : 5   483 : 7
273 : 7   792 : 9   275 : 5   348 : 4
495 : 5   385 : 7   486 : 6   736 : 8

26 39 53 55
55 66 69 81
82 87 88 89
92 96 99 99

6 Nutze Rechenvorteile.

a) 95 : 5 b) 234 : 6 c) 261 : 9
171 : 9   312 : 8   198 : 2
297 : 3   236 : 4   567 : 3
316 : 4   273 : 7   472 : 8

114 : 6 = ▢
Ganz einfach:
Erst 120 : 6 und davon
6 : 6 subtrahieren.

19 19 29 39 39 39 59 59 79 99 99 189

1  Die Schule bekommt 156 moderne Stühle geliefert. Diese werden zu gleichen Teilen in sechs Klassenzimmern aufgestellt. Wie viele Stühle stehen dann in jedem Zimmer? Rechne wie Anna in Teilschritten.

156 : 6	
120 : 6 = ☐
36 : 6 = ☐
☐ + ☐ = ☐
156 : 6 = ☐

2
a) 175 : 5   b) 606 : 6   c) 161 : 7   d) 376 : 4
   156 : 6   154 : 7   264 : 6   888 : 8
   261 : 9   184 : 8   465 : 5   427 : 7

22 23 23 26
29 35 44 61
93 94 101 111

3 Ergänze mindestens noch zwei Aufgaben. Löse dann alle Aufgaben.

a) 112 : 8   b) 264 : 4   c) 133 : 7   d) 174 : 6   e) 369 : 9
   120 : 8   268 : 4   126 : 7   168 : 6   378 : 9
   128 : 8   272 : 4   119 : 7   162 : 6   387 : 9

4 Die Verkäuferin verteilt gleichmäßig Obst und Gemüse in Kisten.

a) 177 Birnen in 3 Kisten   b) 228 Gurken in 6 Kisten
b) 238 Tomaten in 7 Kisten   c) 315 Orangen in 5 Kisten

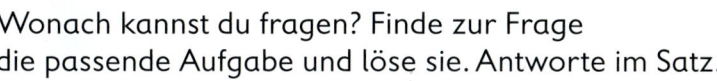

Wonach kannst du fragen? Finde zur Frage die passende Aufgabe und löse sie. Antworte im Satz.

5 Aufgepasst! Hier bleibt beim Dividieren ein Rest.

75 : 6
60 : 6 = 10
15 : 6 = 2 Rest 3
10 + 2 = 12
75 : 6 = 12 Rest 3

a) 63 : 5   b) 197 : 7   c) 122 : 4   d) 205 : 8
   96 : 7   54 : 5   103 : 5   260 : 6
   86 : 3   92 : 8   152 : 7   211 : 5
   77 : 6   61 : 4   135 : 6   335 : 3

10 R 4   11 R 4   12 R 3   12 R 5   13 R 5   15 R 1   20 R 3   21 R 5
22 R 3   25 R 5   28 R 1   28 R 2   30 R 2   42 R 1   43 R 2   111 R 2

6 Jedes Kind soll mit Stäbchen diese Figur legen. Die Lehrerin hat 113 Stäbchen zum Verteilen. Reichen die Stäbchen für neun Kinder?

1. 36 : 6	**2.** 7 · 8	**3.** 40 : 2	**4.** 30 · 5	**5.** 18 : 5	**6.** 50 · 7	**WIEDERHOLE**
81 : 9	6 · 4	80 : 4	60 · 3	14 : 6	40 · 8	

1 und 2: Schrittweise dividieren   3: Aufgabenfolgen weiterführen und lösen
4: Fragen zu den Aufgaben finden, diese lösen und antworten   5: Dividieren mit Rest
6: Inhalt erfassen; Aufgabe finden, lösen und antworten

AH 59 | **TÜ** 55 121

Multiplizieren und Dividieren

1 Finde den Lösungssatz.

31 = E	33 = N	
36 = O	41 = R	
42 = P	51 = U	
45 = T	54 = S	
52 = F	71 = I	
61 = D	92 = B	

427 : 7 = ☐☐
204 : 4 = ☐☐

184 : 2 = ☐
426 : 6 = ☐
216 : 4 = ☐
270 : 6 = ☐

217 : 7 = ☐☐
355 : 5 = ☐
198 : 6 = ☐

378 : 9 = ☐☐
205 : 5 = ☐
144 : 4 = ☐
260 : 5 = ☐
426 : 6 = ☐☐

Setze das richtige Zeichen: < = > .

2
a) $3 \cdot 90$ ⬤ 280
$7 \cdot 41$ ⬤ 287
$9 \cdot 32$ ⬤ 282
$6 \cdot 49$ ⬤ 290

b) $560 : 8$ ⬤ 80
$184 : 8$ ⬤ 120
$204 : 3$ ⬤ 68
$328 : 4$ ⬤ 84

c) $248 : 8$ ⬤ 36
$7 \cdot 25$ ⬤ 170
$549 : 9$ ⬤ 51
$9 \cdot 24$ ⬤ 216

3
$3 \cdot 83$ ⬤ $9 \cdot 41$
$5 \cdot 25$ ⬤ $4 \cdot 31$
$6 \cdot 79$ ⬤ $8 \cdot 62$
$6 \cdot 66$ ⬤ $4 \cdot 96$

4 An der Autobahn werden neue Notrufsäulen aufgestellt.
Bis zum Kilometer 112 wurden sie schon erneuert.
a) Wie viele Notrufsäulen werden für weitere 256 km benötigt,
   wenn der Abstand zwischen zwei Säulen 4 km beträgt?
b) Stimmt es, dass bei einem Abstand von 8 km zwischen
   zwei Säulen nur halb so viele Säulen benötigt werden?

5 Welche Zahlen denken sich die Kinder?

Ich denke mir eine Zahl, dividiere sie durch 7, addiere dann 15 und erhalte 89.

Ich denke mir eine Zahl, multipliziere sie mit 8 und erhalte 984.

Ich denke mir eine Zahl, halbiere sie, dividiere sie dann durch 6 und erhalte 17.

6 Jedes Kind würfelt 3-mal.
Bilde Multiplikationsaufgaben und löse sie. Addiere die Ergebnisse.
Das Kind mit der größten Summe hat gewonnen.

 $43 \cdot 3 =$

1: Dividieren, Kontrolle mit der Umkehraufgabe   2 und 3: Relationszeichen setzen
4: Inhalt erfassen; Aufgaben bilden, lösen und antworten   5: Zahlenrätsel lösen
6: Multiplikationsaufgaben bilden und lösen; Summe der Ergebnisse bilden und vergleichen

AH 60 | TÜ 56

1 a) 63 : 4   b) 146 : 7   c) 246 : 8
       87 : 7   209 : 5   173 : 3
       39 : 5   127 : 2   452 : 5
       68 : 8   194 : 6   276 : 9

Aufgepasst!
Hier bleibt ein Rest.

| 7 R 4 | 8 R 4 | 12 R 3 | 15 R 3 | 20 R 6 | 30 R 6 |
| 30 R 6 | 32 R 2 | 41 R 4 | 57 R 2 | 63 R 1 | 90 R 2 |

2 Finde den fehlenden Faktor.

a) 3 · ▢ = 75   b) 11 · ▢ = 66   c) ▢ · 15 = 75
   6 · ▢ = 90   44 · ▢ = 88   ▢ · 18 = 72
   3 · ▢ = 66   31 · ▢ = 93   13 · ▢ = 91
   2 · ▢ = 70   19 · ▢ = 95   17 · ▢ = 85

| 2 | 3 | 4 | 5 | 5 | 5 | 6 | 7 | 15 | 22 | 25 | 35 |

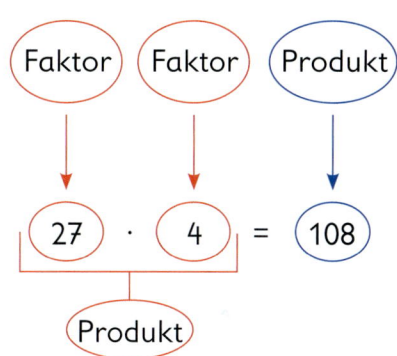

Faktor   Faktor   Produkt

27 · 4 = 108

Produkt

3 Multipliziere zuerst und rechne dann um.
Gib das Ergebnis in Kommaschreibweise an.

a) Cent in Euro: b) Zentimeter in Meter: c) Millimeter in Zentimeter:
   34 ct · 4   76 cm · 5   94 mm · 2
   83 ct · 5   37 cm · 8   47 mm · 3
   56 ct · 6   68 cm · 9   29 mm · 9

4 Ben kauft acht Briefmarken zu je 70 ct und
drei Briefmarken zu 145 ct.
Wie viel kosten die Marken zusammen?

5 Für den Bastelnachmittag kauft die Lehrerin
24 Blöcke farbiges Papier zu je 7 € und 36 Farbstifte.
Ein Farbstift kostet 3 €. Sie hat sechs Geldscheine
zu je 50 € in der Geldbörse.
Reicht das Geld zum Kaufen der Blöcke und Stifte?

6 Tom kauft seiner Mutti zum Geburtstag
einen Strauß Rosen. Er bezahlt dafür 6,30 €.
Eine Rose kostet 90 ct.
Wie viele Rosen hat er gekauft?

1: Dividieren mit Rest   2: Faktoren ermitteln   3: Produkte bilden und in die angegebene
Einheit umrechnen; Ergebnisse in Kommaschreibweise angeben
4 bis 6: Inhalt erfassen; Aufgaben finden, lösen und antworten

AH 60 | **TÜ** 56   123

Minuten – Sekunden

MERKE DIR

Du sprichst: eine Sekunde
Du schreibst: 1 s

60 Sekunden sind 1 Minute.
          60 s = 1 min

1 Bei welchen Sportarten kommt es auf Sekunden an?
Nenne Beispiele.

2 Welche Zeit zeigen
diese Uhren an?

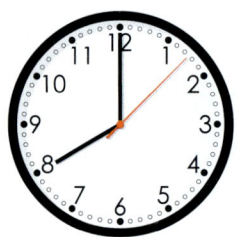

3 Wie viel Zeit vergeht,
wenn du
a) 21 sagst,
b) von 21 bis 80 zählst?

Stoppe die Zeit.

4 Schätze, wie viele Sekunden du für die
Tätigkeiten benötigst. Überprüfe deine
Schätzung durch genaues Messen mit der Uhr.

a) Schreibe deinen vollständigen Namen.
b) Führe 10 Kniebeugen aus.
c) Sage die Malfolge der 5 auf.

5 Ergänze zu einer Minute.

(15 s) (35 s) (47 s) (55 s)

(26 s) (8 s)

Schreibe so:

$$25\,s \xrightarrow{+\,35\,s} 1\,min$$

6 Ergebnisse des Schwimmwettkampfes über eine Strecke von 25 m:

| Tom: 45 s | Anna: 72 s | Max: 53 s | Ben: 59 s | Lisa: 63 s | Maria: 61 s |

a) Wer ist am schnellsten geschwommen?
b) Wer ist am langsamsten geschwommen?
c) Ordne die Schwimmzeiten. Beginne mit der kürzesten Zeit.

1.	2.	3.	4.	5.	**WIEDERHOLE**
25 + 35	42 + ☐ = 60	3 · 60	360 : 60	480 : 60	
38 + 22	51 + ☐ = 60	5 · 60	180 : 60	540 : 60	
14 + 46	24 + ☐ = 60	8 · 60	240 : 60	420 : 60	

124

1: Sportarten nennen   2: Zeit in Stunden, Minuten und Sekunden ablesen
3 und 4: Zeit schätzen/messen   5: Zu einer Minute ergänzen
6: Zeit nach Vorschrift ordnen; schnellsten/langsamsten Schwimmer nennen

AH 61 | **TÜ** 57

MERKE DIR

1 Stunde = 60 Minuten
1 h = 60 min

1 Gib die Zeitdauer in Stunden, Minuten oder Sekunden an.

a) Schlafen in der Nacht
b) eine Unterrichtsstunde
c) 50-m-Lauf
d) Hofpause
e) dein Schulweg
f) Schreiben deines Namens

2 Wie spät ist es? Schreibe die Vor- und Nachmittagszeit auf.

a) 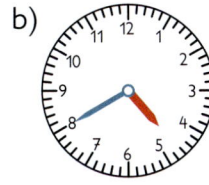 b) c)

MERKE DIR

Der Minutenzeiger benötigt von einem Teilstrich bis zum nächsten genau eine Minute.

d) 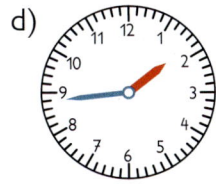 e) 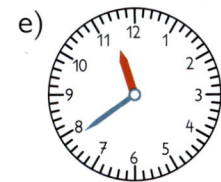 f)

3 Stelle auf der Lernuhr ein. Überprüfe mit deinem Partner.

a) 6:15 Uhr   b) 8:47 Uhr   c) 12:56 Uhr   d) 0:06 Uhr   e) 4:02 Uhr
4:30 Uhr   10:43 Uhr   17:18 Uhr   6:41 Uhr   19:09 Uhr

4 Wie viele Sekunden sind seit 8:00 Uhr vergangen?

a)  b) 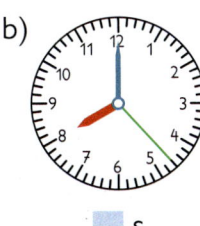 c)  d) 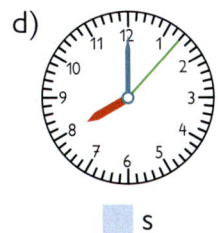 e)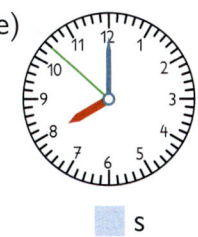

s   s   s   s   s

5 Wandle um.

a) 360 min = ☐ h   b) 5 h = ☐ min   c) 7 min = ☐ s   d) 180 s = ☐ min
120 min = ☐ h   9 h = ☐ min   10 min = ☐ s   300 s = ☐ min
480 min = ☐ h   10 h = ☐ min   6 min = ☐ s   540 s = ☐ min
240 min = ☐ h   3 h = ☐ min   2 min = ☐ s   600 s = ☐ min

Alle Einheiten der Zeit

1 a) Gib in Minuten an.

$\frac{1}{4}$ h $\frac{1}{2}$ h $\frac{3}{4}$ h

b) Gib in Sekunden an.

$\frac{1}{2}$ min $\frac{3}{4}$ min $\frac{1}{4}$ min

2 Wie viele Sekunden sind es?

a) 1 min 20 s   b) 4 min 32 s
   3 min 50 s   6 min 18 s
   5 min 35 s   8 min 4 s
   2 min 15 s   10 min 10 s

Tipp:
Zuerst die Minuten in Sekunden umwandeln. Dann die Sekunden addieren.

1 min 15 s = 60 s + 15 s
1 min 15 s = 75 s

3 Gib in Minuten und Sekunden an.

Schreibe so: 86 s = 1 min 26 s

a) 96 s, 77 s, 69 s, 81 s
b) 102 s, 125 s, 250 s, 366 s

4 Gib in Stunden und Minuten an.

Schreibe so: 72 min = 1 h 12 min

a) 88 min, 96 min, 74 min, 65 min
b) 112 min, 128 min, 181 min, 430 min

5 Wandle um.

a) in Wochen: 14 Tage, 56 Tage, 35 Tage, 70 Tage
b) in Tage: 6 Wochen, 4 Wochen, 10 Wochen,
   3 Wochen
c) in Monate: 3 Jahre, 5 Jahre, 9 Jahre, 7 Jahre
d) in Jahre: 24 Monate, 48 Monate, 36 Monate,
   120 Monate

MERKE DIR

7 Tage = 1 Woche
12 Monate = 1 Jahr
24 Stunden = 1 Tag

6 Ben und Maria beginnen um 15:00 Uhr mit ihren
Hausaufgaben. Ben erledigt sie in 40 min und
Maria in einer Dreiviertelstunde.
Wer war zuerst mit den Hausaufgaben fertig?

7 Wie viele Monate haben
ein Vierteljahr, ein halbes Jahr,
ein Dreivierteljahr?

8 Anna hat in 5 Monaten Geburtstag,
Max in einem halben Jahr.
Wer hat eher Geburtstag?

9 Gib dein Alter in Monaten und Tagen an.

Das ist mein Tagesablauf für heute.

6:25 Uhr	Aufstehen	16:00 Uhr bis 17:15 Uhr	Fußballtraining
6:40 Uhr bis 6:55 Uhr	Frühstück	17:35 Uhr bis 17:55 Uhr	Freizeit
7:05 Uhr bis 7:17 Uhr	Schulweg	18:00 Uhr	Abendbrot
7:30 Uhr bis 13:00 Uhr	Unterricht	18:35 Uhr bis 19:30 Uhr	Aufräumen, Mappe packen …
13:30 Uhr	Mittagessen		
14:00 Uhr bis 14:45 Uhr	Freizeit	19:30 Uhr bis 19:55 Uhr	Bettfertig machen
14:45 Uhr bis 15:30 Uhr	Hausaufgaben	20:00 Uhr	Ab ins Bett!

1 Lies die genauen Zeitpunkte ab.

a) Wann steht Tom auf?
b) Wann endet der Unterricht?
c) Wann beginnt sein Fußballtraining?

d) Wann geht Tom zur Schule?
e) Wann isst Tom zu Mittag?
f) Wann geht Tom ins Bett?

2 Berechne die Zeitdauer.
Schreibe so:

a) 6:40 Uhr $\xrightarrow{\;+\;\boxed{}\;\text{min}\;}$ 6:55 Uhr

a) Wie lange frühstückt Tom?
b) Wie viel Zeit braucht er bis zur Schule?
c) Wie lange ist Tom in der Schule?
d) Wie viel Zeit benötigt er für die Hausaufgaben?
e) Wie lange dauert sein Training?
f) Wie lange schläft Tom in der Nacht?

> **MERKE DIR**
>
> Mit „Wann?" wird der Zeitpunkt erfragt.

> **MERKE DIR**
>
> Mit „Wie lange?" wird die Zeitdauer erfragt.

3 Ben hat mit seinem Hausaufgaben begonnen.
Einige Angaben fehlen ihm noch. Ergänze die Tabelle.

Abfahrt	8:20 Uhr	10:45 Uhr		13:30 Uhr	19:40 Uhr
Fahrzeit	55 min	1 h 10 min	45 min		
Ankunft			12:30 Uhr	15:10 Uhr	20:20 Uhr

Würfel – Quader

1

Pflastersteine haben die Form eines Würfels. Sie werden gern zum Pflastern von Wegen und Straßen genommen. Findest du einen Grund dafür?

Die meisten Kisten, Pakete und Koffer haben die Form eines Quaders. Kannst du dir denken, warum diese Form gewählt wird?

2 Baue das Kantenmodell

a) eines Quaders,

Du benötigst verschieden lange Stäbchen.

b) eines Würfels.

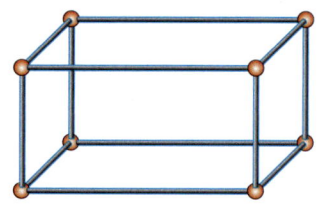
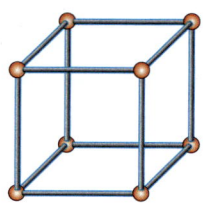

Überlege: Wie viele Knetkügelchen und Stäbchen benötigst du für jeden Körper? Vergleiche die beiden Kantenmodelle miteinander. Was fällt dir auf?

3 Zum Bau eines Würfels benötigst du ein Würfelnetz. So kannst du arbeiten:

- ○ Zeichne Quadrate mit einer Seitenlänge von 6 cm.
- ○ Schneide die Quadratflächen aus.
- ○ Klebe die Flächen zusammen.
- ○ Falte das entstandene Würfelnetz zu einem Würfel.

---

1. Zeichne ein Quadrat mit einer Seitenlänge von 4 cm.
2. Zeichne ein Rechteck mit den Seiten $\overline{AB}$ = 6 cm und $\overline{BC}$ = 3 cm.

WIEDERHOLE

128

1: Über mögliche Gründe sprechen   2: Anzahl der Kugeln und Stäbchen bestimmen; Modelle bauen   3: Netz erstellen und Würfel bauen

AH 64 | **TÜ** 59

1 Zu jedem Quader gehört ein Quadernetz.
Zerschneidest du eine quaderförmige Schachtel
wie auf der Abbildung, dann entsteht ein
Quadernetz.
Wenn du richtig geschnitten hast,
kannst du oder kann dein Lernpartner
daraus wieder einen Quader falten.

2 Vergleiche einen Quader mit einem Würfel.
Notiere deine Erkenntnisse in einer Tabelle.

| | Anzahl | | | Form |
	Ecken	Kanten	Flächen	der Flächen
Würfel				
Quader				

MERKE DIR

Ein Würfel hat
6 gleich große
quadratische Flächen.
Ein Quader hat
6 rechteckige Flächen.

Eine Schnecke kriecht an den Kanten des Quaders entlang.

3 Die Schnecke kriecht so:
von A nach oben – nach rechts –
nach hinten – nach unten – nach links.
An welcher Ecke kommt sie an?

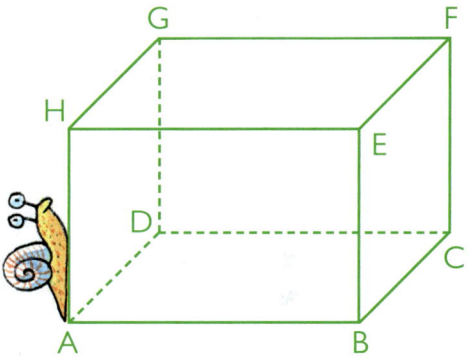

4 Wie kann die Schnecke von A nach F kommen?
Gib verschiedene Möglichkeiten an.

5 Das sind die Längen der Kanten des Quaders:
$\overline{AB}$ = 6 cm; $\overline{BE}$ = 4 cm und $\overline{BC}$ = 3 cm.
Wie viele Zentimeter muss die Schnecke kriechen,
wenn sie von der Ecke B an den Kanten entlang
zur Ecke G kriecht?

6 Die Schnecke kriecht von der Ecke B aus insgesamt 17 cm.
Zu welcher Ecke könnte sie gekrochen sein?

WIEDERHOLE

1. Zeichne eine Strecke $\overline{EF}$ = 45 mm.
2. Zeichne die Strecken $\overline{AB}$ = 4 cm und $\overline{MN}$ = 6 cm so,
dass sie zueinander senkrecht sind.
3. Zeichne ein Rechteck mit den Seiten $\overline{AB}$ = 3 cm und $\overline{BC}$ = 5 cm.

1: Rechteckige Schachtel in ein Quadernetz zerlegen   2: Merkmale erfassen und notieren
3: Zielpunkt benennen   4: Verschiedene Möglichkeiten beschreiben   5: Strecke berechnen
6: Möglichkeiten nennen und begründen

Würfelnetze

1 Überprüfe, ob die Punkte des Spielwürfels
richtig auf die Würfelnetze eingezeichnet sind.

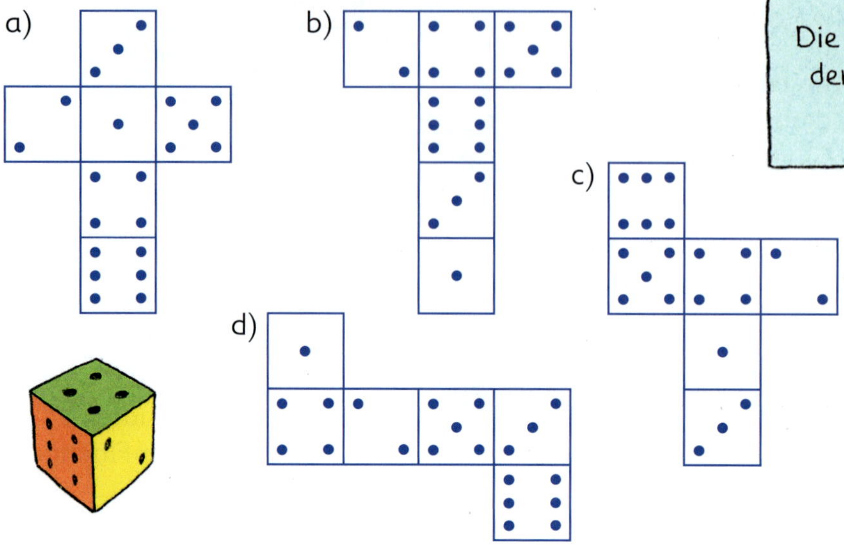

a)

b)

c)

d)

> **Tipp:**
> Die Summe der Punkte auf
> den gegenüberliegenden
> Seiten ist immer 7.

2 Übertrage die Würfelnetze in dein Heft.
Zeichne die Punkte eines Spielwürfels ein.

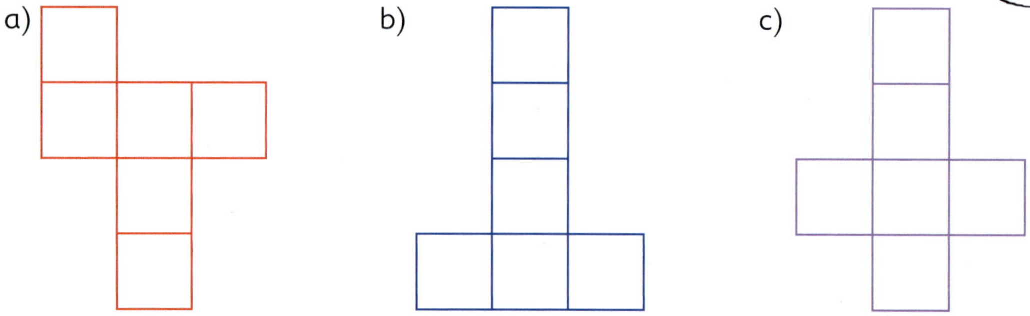

a)

b)

c)

3 Zeichne diese Figuren in dein Heft.
Vervollständige sie zu Würfelnetzen.

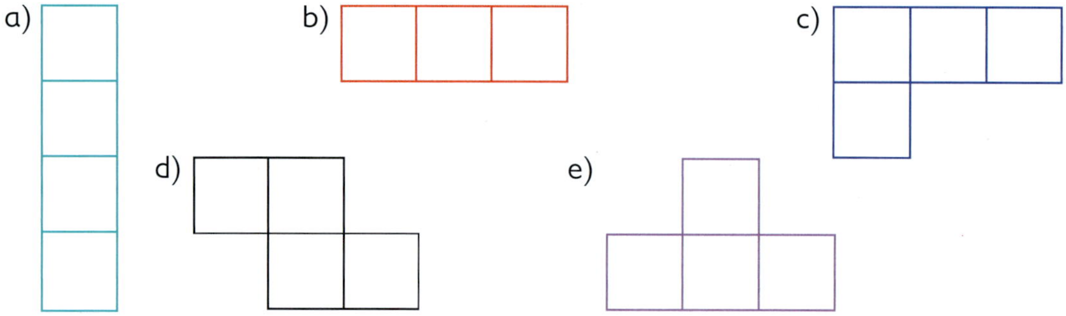

a)

b)

c)

d)

e)

1: Falsche Darstellung benennen und begründen   2: Würfelnetze übertragen und Punkte einzeichnen
3: Figuren übertragen und zu Würfelnetzen vervollständigen

1 Lege mit Plättchen zwei Würfelnetze.

   a) Zeichne die Netze in dein Heft.
   b) Male in jedem Würfelnetz die gegenüberliegenden
      Flächen des Würfels in der gleichen Farbe an.

2 Welche der Figuren sind keine Würfelnetze?

a) 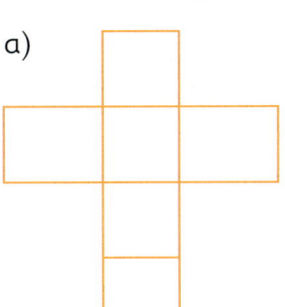   b) 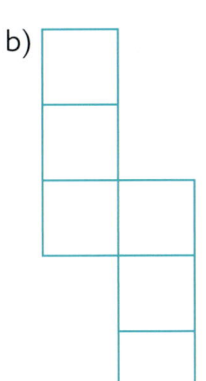   c) 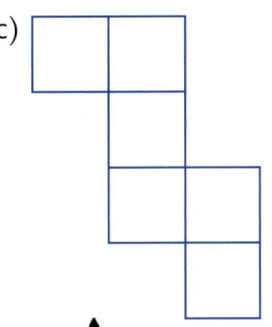   d)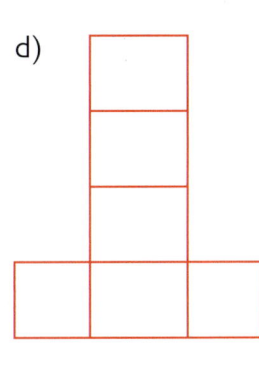

3 Kannst du mit Dreiecken
ein Würfelnetz legen?
Versuche es mit Plättchen zu legen.
Überlege zuerst: Wie viele Dreiecke
werden benötigt?

Tipp:
Ein Quadrat kann
man in zwei gleiche
Dreiecke zerlegen.

4 Wahr oder falsch?

a) (Ein Würfel hat immer 6 Quadrate
als Seitenflächen.)

b) (Ein Würfel kann auch mehr als
8 Ecken haben.)

c) (Die Flächen eines Würfels stehen
immer zueinander senkrecht.)

d) (Aus zwei gleichen Würfeln kann
man einen Quader bauen.)

e) (Für das Kantenmodell eines Quaders benötigt man mehr Stäbchen
als für das Kantenmodell eines Würfels.)

f) (Ein Würfel hat die gleiche Anzahl von Kanten wie ein Quader.)

Quadernetze

1 Übertrage diese Quadernetze auf Kästchenpapier. Schneide sie dann aus und falte die Quader.

a)

b)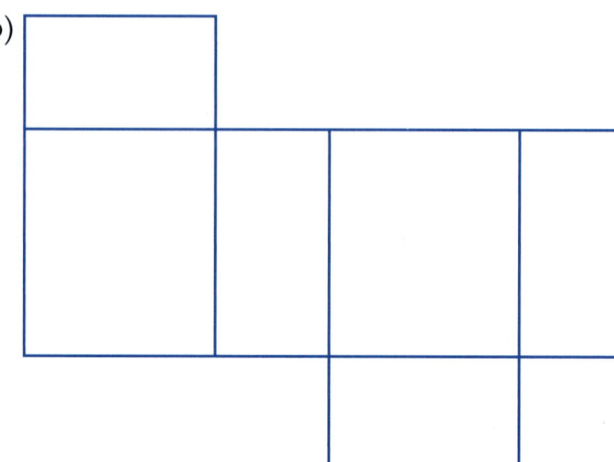

2 Welche dieser Figuren sind Quadernetze?

a)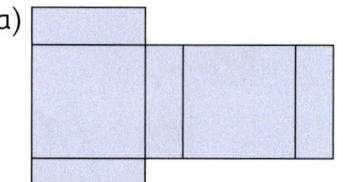

b)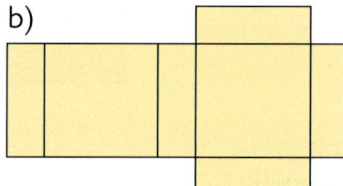

c)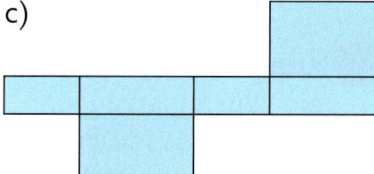

d)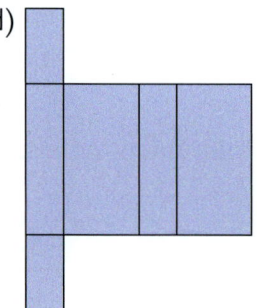

e)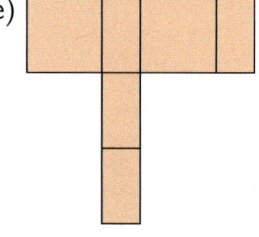

f)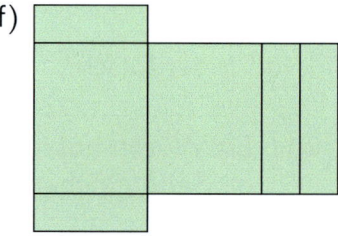

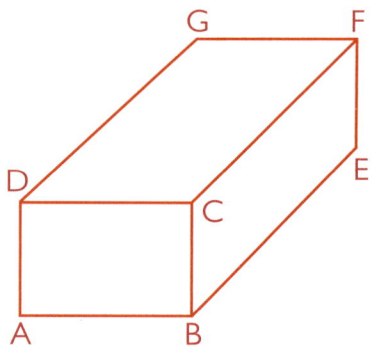

3 Zeichne ein Quadernetz.

a) Die Kanten haben folgende Längen:
$\overline{AB}$ = 55 mm, $\overline{BE}$ = 83 mm, $\overline{EF}$ = 37 mm.

b) Male die deckungsgleichen Flächen des Quaders mit der gleichen Farbe aus.

1 Einen Quader kannst du in drei Schritten zeichnen.

Tipp:
Du beginnst mit einem Rechteck.

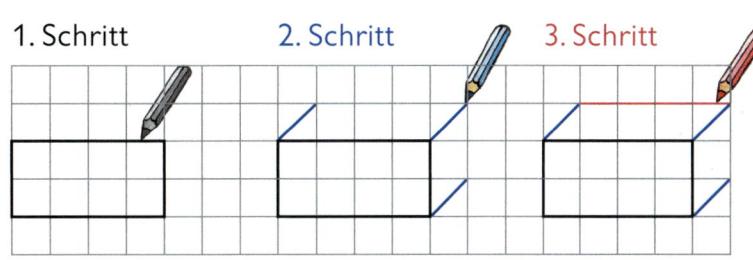

1. Schritt   2. Schritt   3. Schritt

Zeichne einen Quader nach dieser Schrittfolge auf Kästchenpapier.

2 Übertrage in dein Heft und vervollständige so, dass jeweils ein Quader entsteht.

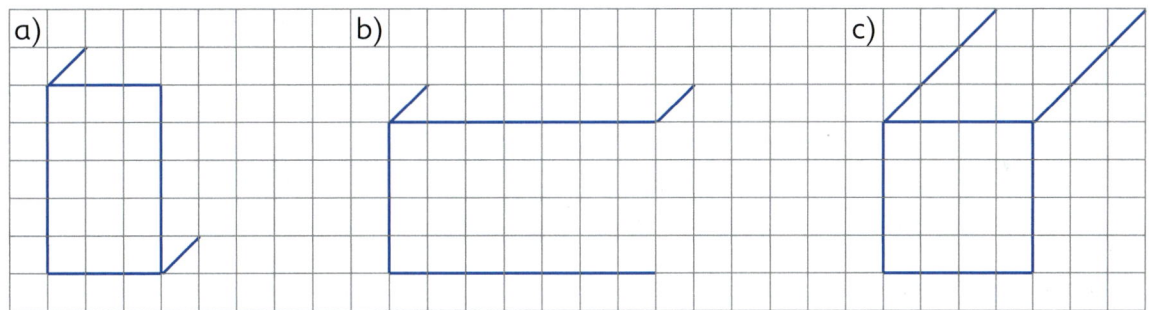

a)   b)   c)

3 Schreibe zu jedem Würfelbau den Bauplan auf. Baue die Würfelbauten nach.

a)    b)    c)    d)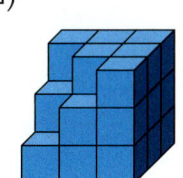

4 Ordne den Bauten den richtigen Bauplan zu.

A 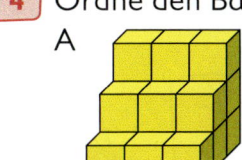   B    C

1					2					3				4				5		
4	1	1	4		4	1	1	4		3	3	3		2	2	1		1	2	1
1	1	1	1		1	1	1	1		2	2	2		1	2	2		2	2	2
1	1	1	1		4	1	1	4		1	1	1		1	2	1		1	2	1
4	1	1	4																

1: Quader nach Schrittfolge zeichnen   2: Figuren zu Quadern vervollständigen
3: Bauplan finden, danach bauen und vergleichen   4: Baupläne zuordnen

AH 67 | **TÜ** 61   **133**

Pyramide – Zylinder – Kegel

Zylinder   Pyramide   Kegel

1 Sammle Bilder mit Bauten oder Gegenständen, die solche Formen haben. Gestalte mit ihnen ein Poster unter der Überschrift **Geometrische Körper in unserer Umwelt**.

2 Baue Kantenmodelle von Pyramiden.

a) Die Grundfläche ist ein Dreieck.
b) Die Grundfläche ist ein Quadrat.
c) Die Grundfläche ist ein Rechteck.

Die Grundfläche dieser Pyramide ist ein Sechseck.

3 Max hat diese Figuren in den Sand gedrückt. Welche Körper hat er dazu verwendet?

4 Welche Körper gehören nicht in die Reihe?

a)

b)

5 Beschreibe eine Pyramide, einen Zylinder und einen Kegel.
Verwende diese Wörter:

Grundfläche   Kreis   Quadrat   Dreieck

Rechteck   Ecken   Kanten   Deckfläche   Spitze

134

1: Bilder zu den Körpern sammeln; Poster gestalten   2: Kantenmodelle aus Stäbchen und Knetkugeln anfertigen   3: Körper den Flächenformen zuordnen   4: Körpermerkmale erfassen und anwenden
5: Körper beschreiben

AH 68

1 Übertrage die Tabelle in dein Heft. Ordne die Gegenstände nach ihrer Körperform ein. Trage dazu die Buchstaben ein.

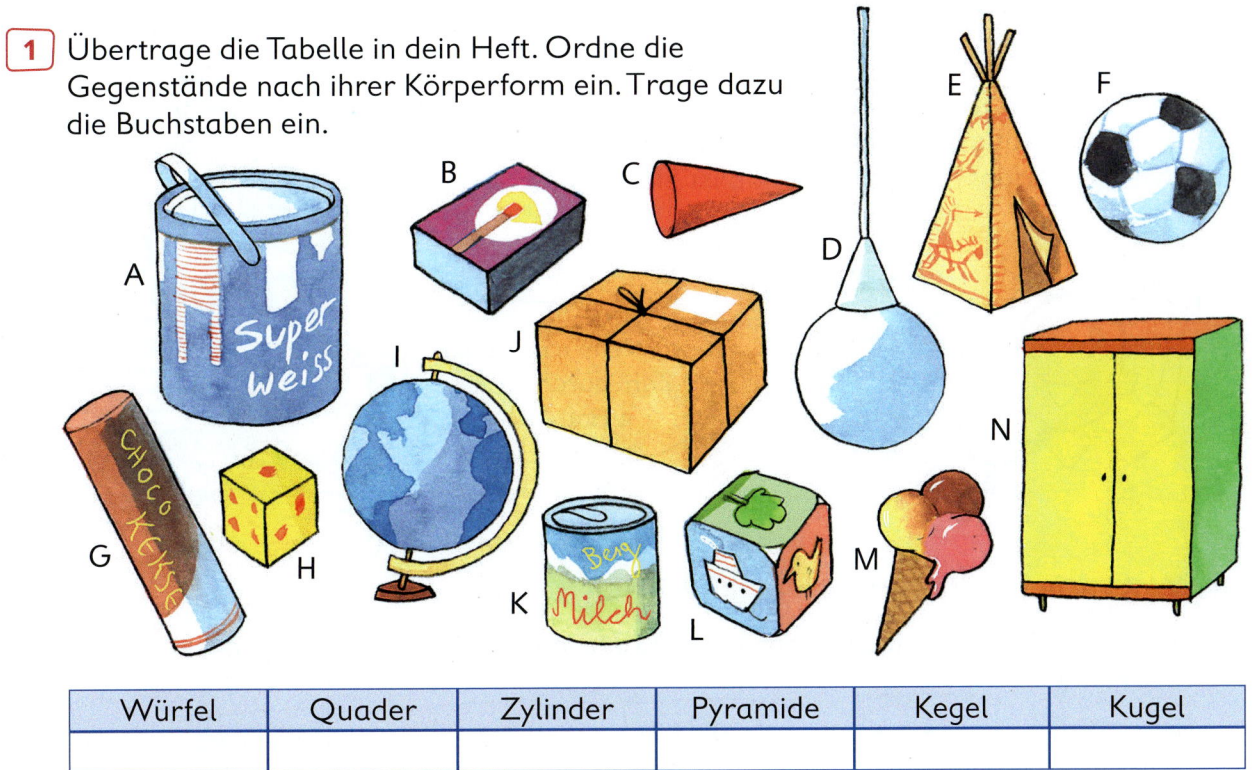

Würfel	Quader	Zylinder	Pyramide	Kegel	Kugel

2 Die vier Körper sollen mit Buntpapier beklebt werden.
Welche Flächen benötigst du dazu? Schreibe die Buchstaben der Flächen ins Heft.

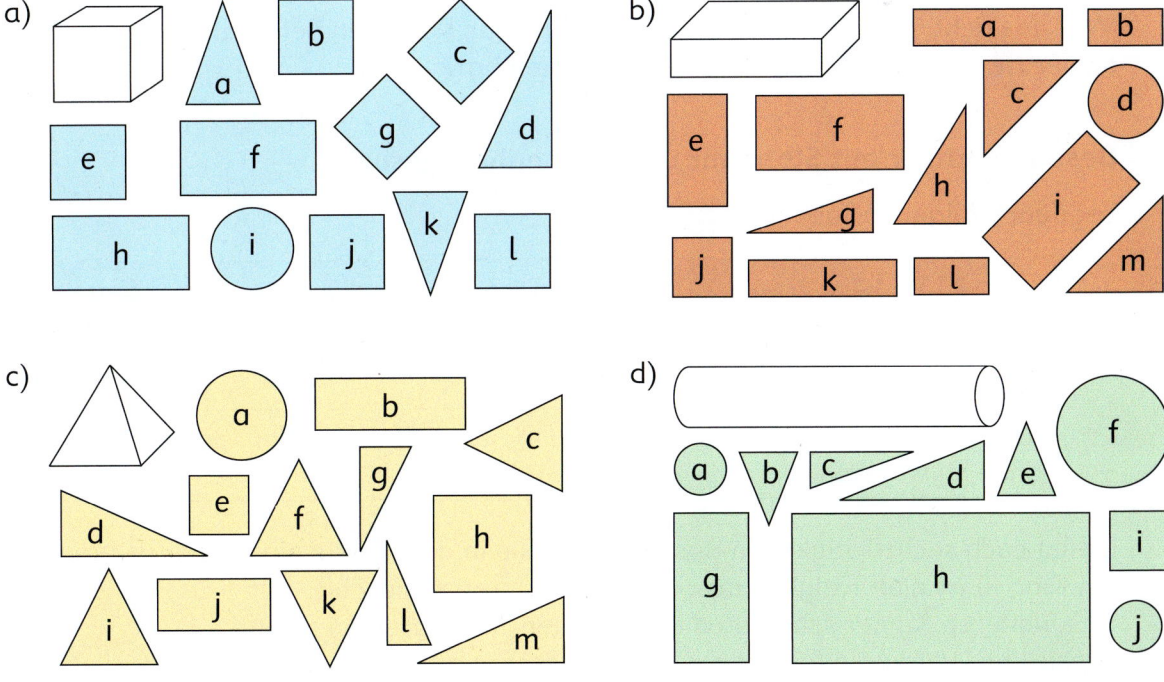

1: Gegenstände den geometrischen Körpern zuordnen
2: Zum Körper gehörende Flächen auswählen und die entsprechenden Buchstaben notieren

AH 68   135

1 **Zahlenrätsel**

Denke dir ein Zahlenrätsel aus. Dein Lernpartner muss es lösen.
Wenn es richtig gelöst ist, darf er dir ein Zahlenrätsel stellen.
Wer zuerst fünf Rätsel gelöst hat, ist Sieger.

z. B.

> Meine Zahl ist das Zehnfache von 37.

> Wenn ich meine Zahl durch 80 teile, erhalte ich 8.

> Meine Zahl ist der dritte Teil von 66.

2 **Wettrechnen mit Kärtchen und Rechenheft**

Schreibt folgende Aufgaben auf kleine Kärtchen und verteilt diese verdeckt auf dem Tisch.

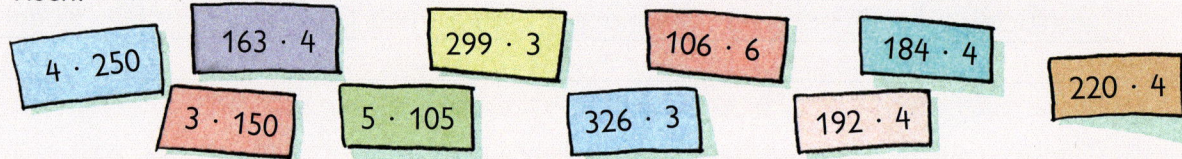

4 · 250   163 · 4   299 · 3   106 · 6   184 · 4   220 · 4
3 · 150   5 · 105   326 · 3   192 · 4

Abwechselnd wird eine Aufgabe aufgedeckt. Jedes Kind löst sie mündlich oder schriftlich.
Wer das richtige Ergebnis zuerst nennt, darf das Kärtchen behalten.
Sieger ist, wer am Ende die meisten Kärtchen hat.

3 **Bester Schätzer mit Stoppuhr und Rechenheft gesucht**

Legt euch folgende Tabelle an.

	Tätigkeit	geschätzt	gemessen	Differenz
z. B.	Schuhe aus- und anziehen	15 s	18 s	3 s
	auf einem Bein stehen, ohne zu wackeln	2 min	…	…

Denkt euch sechs Tätigkeiten aus und tragt sie in die Tabelle ein.
Ein Kind führt eine Tätigkeit aus, ein anderes stoppt die Zeit.
Alle weiteren Kinder schätzen die Zeitdauer und schreiben sie auf.
Vergleicht. Wer von euch hat am besten geschätzt?

1: Zahlenrätsel erstellen und lösen   2: Multiplikationsaufgaben mündlich oder schriftlich lösen
3: Zeitdauer von Tätigkeiten schätzen und messen

1 Mein Stundenplan

Bildet mit Hilfe eures Stundenplanes Aufgaben und löst diese gemeinsam.

z. B. Wie lange dauert die erste Hofpause?
Wie lange bist du am Dienstag in der Schule?

Mein Stundenplan		
	Montag	Dienstag
7:30 – 8:15	D	Ma
8:20 – 9:05	D	Sp

2 Würfelbauten aus Holz- oder Steckwürfeln

a) Ein Kind baut ein Würfelgebäude, der Lernpartner zeichnet dazu den Bauplan auf kariertes Papier.
b) Ein Kind zeichnet einen Bauplan, der Lernpartner baut dazu das Würfelgebäude.

3 Geometrische Körper fühlen und erraten

a) Ein Kind versteckt einen Körper (Kugel, Pyramide, Quader usw.) im Beutel. Der Lernpartner erfühlt die Form, nennt die Merkmale und den Namen des Körpers. Dann wird gewechselt.
b) Ein Kind versteckt einen Körper im Beutel. Der Lernpartner versucht durch Fragen zu erraten, um welchen Körper es sich handelt. Dann wird gewechselt.

1: Zeitdauer berechnen   2: Würfelbauten errichten; Baupläne erstellen
3: Geometrische Körper anhand ihrer Merkmale identifizieren

Kann ich das schon?

1 Schreibe alle Teiler der Zahlen (16) (45) (28) (64) und (50) auf.

Schreibe so: Teiler von 16 sind ▮ , ▮ , ▮ ...

2 Schreibe zu jeder der Zahlen (3) (7) (10) (12) und (15) drei Vielfache auf.

Schreibe so: Vielfache von 3 sind ▮ , ▮ , ▮ .

3 Finde die passende Aufgabe und löse sie.

a) (der fünfte Teil von 25)   b) (der zehnte Teil von 100)

c) (der achte Teil von 56)   d) (der dritte Teil von 90)

e) (das Neunfache von 10)   f) (das Fünffache von 25)

g) (das Zwölffache von 7)   h) (das Sechsfache von 80)

4 Der Zeitungsbote trägt täglich 108 Tageszeitungen im Amselweg aus.
Im Finkenweg muss er nur halb so viele Zeitungen austragen.
Wie viele Zeitungen trägt er von Montag bis Sonnabend ingesamt aus?

5
a)	b)	c)	d)	e)	f)
$27 \cdot 7$	$45 \cdot 3$	$74 \cdot 4$	$42 : 3$	$138 : 6$	$224 : 4$
$84 \cdot 2$	$94 \cdot 5$	$24 \cdot 2$	$32 : 2$	$98 : 7$	$369 : 9$
$61 \cdot 3$	$29 \cdot 5$	$31 \cdot 7$	$80 : 5$	$265 : 5$	$207 : 9$
$96 \cdot 6$	$53 \cdot 8$	$67 \cdot 6$	$84 : 6$	$288 : 8$	$606 : 6$

6
a)	b)	c)	d)
$30 + 4 \cdot 20$	$4 \cdot 60 + 70$	$27 - 360 : 40$	$490 : 70 + 43$
$80 - 2 \cdot 30$	$6 \cdot 30 - 45$	$31 - 210 : 70$	$640 : 80 + 92$
$90 + 9 \cdot 90$	$7 \cdot 90 - 60$	$66 - 560 : 80$	$450 : 50 + 91$
$70 - 7 \cdot 10$	$5 \cdot 70 - 90$	$52 - 810 : 90$	$660 : 60 + 89$

7 Setze das richtige Zeichen: < = > .

a) $3 \cdot 38$ ● 240 b) $518 : 7$ ● 75 c) $108 : 6$ ● $120 : 5$

   $7 \cdot 40$ ● 240 $150 : 2$ ● 75 $248 : 8$ ● $186 : 6$

   $9 \cdot 48$ ● 240 $183 : 3$ ● 32 $250 : 5$ ● $360 : 6$

8 Überschlage zuerst und multipliziere dann.

a) 313 · 3
    211 · 4
    314 · 2

b) 222 € · 4
    202 € · 3
    442 € · 2

c) 114 kg · 2
    221 kg · 3
    111 kg · 9

d) 342 m · 2
    212 m · 4
    333 m · 3

9 Die Stadtbäckerei liefert an eine große Ferienanlage täglich 320 Brötchen und 212 Hörnchen. Wie viele Brötchen und Hörnchen hat sie in drei Tagen geliefert?

10 Der Zirkus Saldo gab gestern drei Vorstellungen. Alle Vorstellungen waren ausverkauft. Wie viele Eintrittskarten wurden verkauft, wenn das Zirkuszelt 268 Plätze hat?

11 Überschlage zuerst und multipliziere dann.

a) 114 · 4
    346 · 2
    279 · 3

b) 235 · 4
    138 · 5
    456 · 2

c) 128 ct · 7
    438 ct · 2
    329 ct · 3

d) 208 g · 4
    364 g · 2
    409 g · 2

12 Wandle um.

a) in Stunden:
    420 min, 180 min,
    120 min, 540 min

b) in Sekunden:
    4 min, 7 min, 10 min,
    12 min, $\frac{1}{2}$ min, 5 min

c) in Minuten:
    $\frac{1}{2}$ h, $\frac{1}{4}$ h, $\frac{3}{4}$ h,
    2 h, 10 h, 5 h

13 Zeichne drei Kreise mit dem Radius r = 50 mm, r = 3 cm und r = 4,5 cm. Zeichne sie so, dass sie sich in drei Punkten schneiden.

14 Mit welchen dieser Netze könntest du einen Würfel bauen?

a)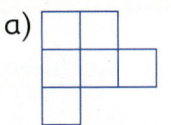
    b)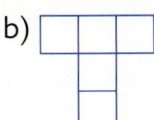
    c)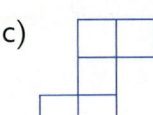
    d)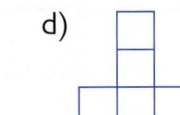
    e)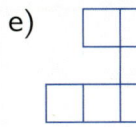

f)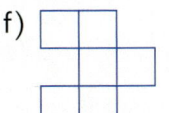
    g)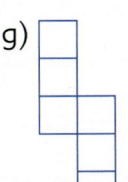
    h)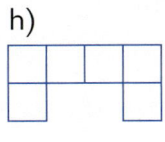
    i)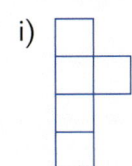
    j)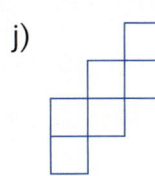

Addieren und Subtrahieren

Entscheide, ob du mündlich oder schriftlich rechnest.

1 Rechne.

a) 600 +　4　　b) 124 +　6　　c) 500 – 300　　d) 774 – 500　　e) 545 –　37
　600 +　40　　　124 +　60　　　500 –　30　　　774 –　50　　　545 –　64
　600 + 400　　　124 + 600　　　500 –　3　　　774 –　5　　　545 – 208

| 130 | 184 | 200 | 274 | 337 | 470 | 481 | 497 | 508 | 604 | 640 | 724 | 724 | 769 | 1000 |

2 Setze die Zahlenfolgen fort.

a) 300, 325, ▩, ▩, ▩, ▩, 450　　　b) 399, 388, ▩, ▩, ▩, ▩, 333

c)　50, 200, ▩, ▩, ▩, ▩, 950　　　d) 425, 416, ▩, ▩, ▩, ▩, 371

3 Vergleiche.

a) 420 + 60 ⬤ 500　　b) 470 – 60 ⬤ 510　　c) 500 m ⬤ 1 km
　326 + 43 ⬤ 359　　　878 – 34 ⬤ 844　　　6,5 cm ⬤ 65 mm
　637 + 16 ⬤ 653　　　682 – 67 ⬤ 605　　　750 m ⬤ $\frac{1}{2}$ km

4 Löse die Zahlenrätsel.

Meine Zahl ist die Summe aus 160 und 540.

Wenn ich von meiner Zahl 320 subtrahiere, erhalte ich 180.

Wenn ich zu meiner Zahl 520 addiere, erhalte ich 720.

Meine Zahl ist die Differenz aus 1000 und 370.

5 Rechne.

a) 564 + 113 = ▩　　b) 778 – 325 = ▩　　c) 630 € – 45 € = ▩ €
　422 + ▩ = 678　　　549 – ▩ = 242　　　780 € + ▩ € = 837 €
　▩ + 512 = 824　　　▩ – 318 = 318　　　▩ € – 89 € = 211 €

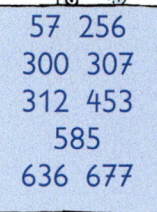

57	256
300	307
312	453
	585
636	677

6 Ergänze.

800 —**– 40**→ 760 —⬤▩→ 651 —⬤▩→ 688 —⬤▩→ 519 —⬤▩→ 1 000

7 Überschlage zuerst. Berechne dann die Ergebnisse.

a) 352 + 425
473 + 174
508 + 278
698 + 142
486 + 59

b) 897 − 255
629 − 293
412 − 359
808 − 127
535 − 76

c) 2,55 € + 6,85 €
7,79 € + 1,05 €
6,72 € − 2,10 €
10,00 € − 3,73 €
7,20 € − 0,65 €

4,62 € 6,27 € 6,55 €
8,84 € 9,40 €
53 336 459 545
642 647 681 777
786 840

8 a)
```
        900
     340
        220
     45
```

b)
```
       1000
        380
     160
        70
```

c)
```
        800
        365
        285
     25
```

9 a) Addiere zum Nachfolger von 325 den Vorgänger von 700.
b) Subtrahiere von 952 das Doppelte von 217.
c) Du erhältst 600, wenn du die Zahl zuerst verdoppelst und dann 80 addierst.

10 Ergänze zu einem Kilogramm. Schreibe so: 510 g +   g = 1 kg

730 g $\frac{1}{2}$ kg   908 g   725 g $\frac{3}{4}$ kg   67 g $\frac{1}{4}$ kg   5 g

92 g 250 g 270 g
275 g 490 g 500 g
750 g 933 g 995 g

11 Bilde mit den Zahlen zwei Gleichungen.

236   237   238   239   474   476

☐ + ☐ = ☐   ☐ − ☐ = ☐

12 Der Schulgarten soll einen neuen Zaun bekommen.
Die beiden langen Seiten sind je 102 m lang, die beiden kurzen Seiten je 56 m.
Für das Tor bleiben 3 m frei.
Wie viele Meter Zaun müssen gekauft werden? Fertige eine Skizze an und rechne.

13 Tom möchte mit seinem Vater ein Regal für sein Kinderzimmer bauen. Sie zeichnen vorher auf, welche Größe es haben soll.
Wie viele Meter Holzbretter müssen sie kaufen?

85 cm
125 cm

Multiplizieren und Dividieren

Entscheide, ob du mündlich oder schriftlich rechnest.

1 Übertrage die Tabellen in dein Heft und vervollständige sie.

a) · 30

6	
9	
5	
	240
	300
	90

b) · 80

3	
9	
6	
	320
	560
	160

c) : 40

160	
360	
40	
	7
	3
	0

d) : 70

630	
280	
700	
	5
	2
	7

0 1 2 3 4 4 4 7 8 9 9 9 10 10 120 140 150 180 240 270 280 350 480 490 720

2
a) 8 · 12
7 · 13
9 · 24
6 · 35
56 · 7

b) 2 · 93
4 · 29
8 · 41
0 · 57
38 · 5

c) 66 : 6
52 : 4
34 : 2
60 : 5
90 : 6

d) 96 : 8
70 : 5
98 : 7
39 : 3
48 : 3

0	11	12	12
13	13	14	14
15	16	17	91
96	116	186	190
210	216	328	392

3
a) Berechne das Produkt aus 7 und 39.
b) Der Dividend ist 56, der Divisor 4. Berechne den Quotienten.
c) Addiere zum Produkt aus den Zahlen 57 und 7 die Zahl 312.
d) Schreibe zur Aufgabe 240 : 6 einen passenden Text auf.

4 Max ist heute genau 9 Jahre alt.

a) Wie viele Monate ist er alt?
b) Wie viele Monate bist du alt?

5
a) 6 · 5 + 40
7 · 30 − 60
5 + 5 · 70
3 · 80 − 6

b) 60 : 20 + 12
45 − 270 : 90
66 : 6 + 66
57 + 720 : 80

c) 4 · (50 + 30)
7 · (100 − 40)
(6 + 3) · 40
4 · (12 − 8)

d) (390 + 60) : 90
420 : (50 + 20)
(320 − 70) : 50
480 : (90 − 10)

5 5 6 6 15 16 42 66 70 77 150 234 320 355 360 420

6 Überschlage zuerst, berechne dann die Produkte.

a) 288 · 3
   117 · 5
   312 · 2
   128 · 6
   249 · 4

b) 4 · 207
   6 · 111
   9 · 109
   3 · 294
   8 · 82

c) 222 g · 4 = ☐ g
   580 g · 0 = ☐ g
   117 g · 8 = ☐ g
   476 g · 2 = ☐ g
   307 g · 3 = ☐ g

0	585	624	656	666
768	828	864	882	888
921	936	952	981	996

7 Rechne schrittweise.

a) 84 : 7
   65 : 5
   56 : 4
   94 : 2
   96 : 6

b) 618 : 6
   189 : 3
   115 : 5
   416 : 4
   287 : 7

c) 488 m : 8 = ☐ m
   255 m : 5 = ☐ m
   279 m : 9 = ☐ m
   574 m : 7 = ☐ m
   190 m : 5 = ☐ m

12	13	14	16	23
31	38	41	47	51
61	63	82	103	104

8 Anna möchte mit ihren Großeltern fünf Tage nach Leipzig fahren. Die Reise kostet pro Person 285 €.

9 Herr Schulz bezahlt für vier Autoreifen 520 €.

10 Wandle um.

a) in Minuten:
120 s, 360 s, 600 s, 240 s, 540 s,
3 h, 10 h, $\frac{1}{2}$ h, $\frac{3}{4}$ h, 8 h

b) in Tage:
48 h, 96 h, 240 h, 3 Wochen,
18 Wochen, 52 Wochen, 2 Jahre

11 Um die Tafel zu messen, legen 13 Kinder ihre Lineale aneinander. Ein Lineal ist 30 cm lang. Die Tafel ist aber noch 10 cm länger. Wie lang ist die Tafel?

12 Wenn du den dritten Teil von 99 mit 5 multiplizierst, erhältst du die Hälfte der gesuchten Zahl. Wie heißt sie?

Projektidee: Mathematik zum Staunen und Spielen

1 Kannst du aus einem Streifen einen Würfel falten?
So kannst du arbeiten: Zeichne einen Streifen mit sieben
Quadraten. Die Seiten der Quadrate sollen 45 mm lang sein.

Schneide den Streifen aus und falte ihn in zwei Schritten.

1. Schritt:

2. Schritt:

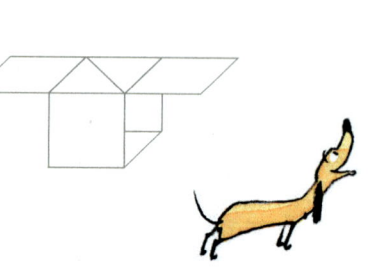

2 Baue diesen Würfel aus fünf roten und drei blauen Steckwürfeln nach.
Wo gehören diese Seitenflächen hin?

a)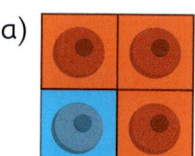

b)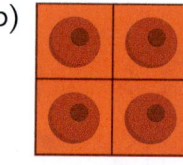

c)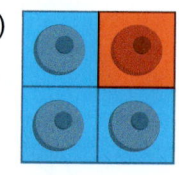

d)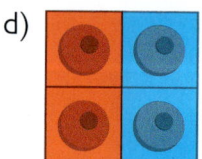

e)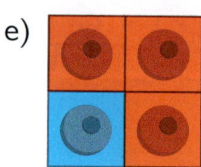

f)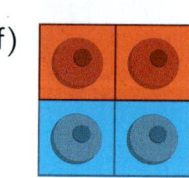

3 Würfelspiel mit drei Würfeln

Beispiel:

$3 + 4 = 7 \longrightarrow 7 \cdot 6 = 42$

Welche Augenzahlen müssen
gewürfelt werden, damit:
a) das größtmögliche Ergebnis
   oder
b) das kleinstmögliche Ergebnis
   entsteht?

Spielregeln:
○ Addiere von den drei geworfenen
  Augenzahlen zwei Augenzahlen.
  Multipliziere das Ergebnis mit der dritten
  Augenzahl.
○ Das größte Ergebnis hat gewonnen.

Tipp:
Überlege gut, welche Augenzahlen du
als Summanden wählst.

1: Streifen schneiden und falten   2: Seitenflächen zuordnen
3: Würfelspiel in Partner- oder Gruppenarbeit durchführen; Augenzahl für größtes/kleinstes Ergebnis bestimmen

4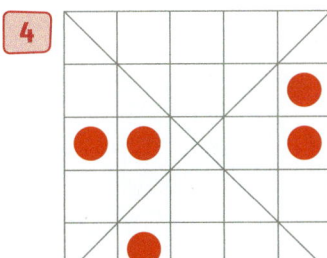

Lege Plättchen auf das Spielfeld und probiere.
Jedes Plättchen muss um ein Feld verschoben werden, damit
in jeder Spalte und auf jeder Diagonale genau ein Plättchen liegt.

5 a) In jedem der Wörter ist ein Zahlwort versteckt.
Schreibe die Wörter untereinander ab und
unterstreiche das Zahlwort. Schreibe die Zahl
und das Fünffache dieser Zahl auf.

> Beispiel:
> Nachtigall ⟶ Das Fünffache von 8 ist 40.

Revierförster	Zweige
Rundreise	Elfenbein
Siebenschläfer	Wachtel
Steinsammler	Nachtigall

b) Suche im Wörterbuch weitere Wörter, in denen Zahlwörter versteckt sind.

6 Der Tresor öffnet sich nur,
wenn du drei Zahlen findest, für die gilt:
a) 6 und 3 sind Teiler dieser Zahlen,
b) 4 und 8 sind Teiler dieser Zahlen.

7 Lege mit Kreisplättchen diese Dreiecksform.

Verschiebe drei Kreise so, dass die Dreiecksform auf dem Kopf steht.

8 Du kannst mit den Ziffernkarten Additionsaufgaben mit dreistelligen Summanden legen.

1 2 4 5 7 9

Lege die Aufgabe mit
a) dem kleinsten Ergebnis,
b) dem größten Ergebnis.

9 Der Ball wird im Uhrzeigersinn weitergeworfen.
Maria beginnt.
Nachdem der Ball 15-mal gefangen wurde, fällt er zu Boden.
Wer hat den Ball nicht gefangen?

Maria   Tom   Anna

4: Plättchen nach Vorgabe verschieben   5: Zahlwort finden und das Fünffache der Zahl errechnen
6: Teilbarkeitsregeln anwenden   7: Dreiecksform finden   8: Aufgaben finden   9: Kind bestimmen

145

Projektidee: Mathematik in der Kunst

Labyrinthe und Irrgärten

Das Einweglabyrinth besteht aus einem einzigen langen und verschlungenen Weg. Oft findet man es als Schmuck (Mosaik) am Boden alter Kirchen.

Das Mehrweglabyrinth (der Irrgarten) besteht aus vielen Kreuzungen und Sackgassen, aus denen man nur nach langem Suchen herauskommt. Man kann es in manchen Parkanlagen finden.

1 Zeichne selbst ein Labyrinth.

Zeichne in die Mitte eines Blattes ein Kreuz.

In die Ecken der Kreuze zeichnest du nun vier rechte Winkel.

In jeden Winkel zeichnest du jetzt einen Punkt.

Verbinde die Endpunkte nun immer so miteinander, wie du es unten siehst.

2 Zeichne selbst einen Irrgarten.

Zeichne mit dem Zirkel viele verschieden große Kreise mit dem gleichen Mittelpunkt auf ein Blatt.

Radiere nun mehrere Durchgänge frei. Zeichne auch Sackgassen ein.

Parkettierungen

1 Betrachte das Bild von M. C. Escher ganz genau. Was fällt dir auf? Informiere dich im Internet über den Künstler.

2 Max und Anna haben selbst solche Parkettierungen hergestellt. Wie haben sie das gemacht?

3 Du kannst auch Parkettierungen zeichnen.

Nimm ein rechteckiges Stück Karton.

Zeichne an eine kurze und an eine lange Seite jeweils eine gekrümmte Linie.

Zerschneide das Rechteck an diesen Linien.

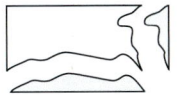

Füge die abgeschnittenen Teile an der jeweils gegenüberliegenden Seite mit Klebestreifen an.

Lege die Schablone nun auf ein Blatt Papier und zeichne mit ihr ein Parkett. Gestalte die Parkettsteine bunt.

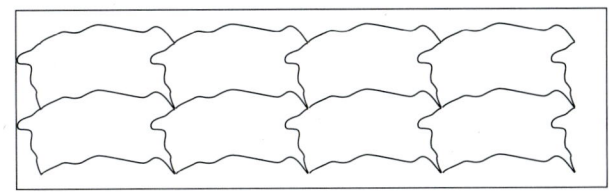

1: Über das Bild sprechen; Informationen über M. C. Escher sammeln
2 und 3: Über Parkettierungen sprechen und sie anfertigen

147

Mathefreunde 3

Ausgabe Nord

Herausgegeben von
Edmund Wallis, Leipzig

Erarbeitet von
Kathrin Fiedler, Görlitz; Ursula Kluge, Kühnitzsch; Isabel Miedtke, Zwickau; Jana Scherbaum, Halberstadt;
Birgit Schlabitz, Berlin; Edmund Wallis, Leipzig

Unter Beratung von
Ramona Beckmann, Rostock; Silvia Ehrich, Neubrandenburg; Heidrun Ertel, Tröbnitz; Rita Hetzel, Marienwerder;
Birgit Schlabitz, Berlin

Redaktion: Uwe Kugenbuch, Susanne Knipper
Illustration: Daniel Müller/illumueller; Uta Bettzieche (Hunde)
Grafik: Christine Wächter
Umschlaggestaltung und Layout: tritopp, Berlin; Daniel Müller/illumueller (Illustration)
Technische Umsetzung: Arge Bildungsmedien, medienfrech.de

Bildnachweis: 18 Marathonläufer: doc-stock GmbH | 30 Haustür grün: Shutterstock/Pete Spiro; Wohnungstür: Shutterstock/Nicolesa | 52 Wanderschild: picture-alliance/picture-alliance/ZB; Autobahnschild: picture-alliance/picture-alliance/dpa/dpa-web | 61 Briefwaage: Shutterstock/pterwort; Personenwaage: Fotolia/by-studio; Haushaltswaage: Shutterstock/gresei | 63 1-l-Tetrapack: Fotolia/Robert Kneschke; 0,5-l-Schokomilch: Fotolia/siwaporn999; 0,25-l-Tetrapack: Fotolia/Neiromobile; 5-l-Gießkanne: Shutterstock/Trompet; 10-l-Eimer: Shutterstock/Andrey Eremin; 1000-l-Container: Fotolia/topae | 76 Parkplatz: Shutterstock/wizdata | 94 Abfüllanlage: Fotolia/Alterfalter | 96 Reisebus: Shutterstock/Vipavlenkoff | 102 Jugendherberge Bad Schandau (DJH): picture-alliance/picture alliance/ZB/Marko Förster; Logo mit freundlicher Genehmigung des Deutschen Jugendherbergswerk e.V., Detmold | 104 Schwimmunterricht: Shutterstock/seyomedo | 109 Bandornament: Shutterstock/Sergei Kolesov | 110 Kreuzfahrtschiff: Shutterstock/James Steidl; Muster: Fotolia/Konstantin Kalishko | 112 Haustür braun: Shutterstock/Pete Spiro | 116 Fahrradladen: Fotolia/pio3 | 118 Hotelgebäude: Fotolia/A. JORON | 122 Notrufsäule: ClipDealer/Convisum | 124 Schwimmwettkampf: Fotolia/Maxisport; Stoppuhr: Fotolia/fotomek; Analoguhr: Shutterstock/Kritchanut; Digitaluhr: Shutterstock/lucadp | 134 Litfaßsäule: Shutterstock/Michal Modzelewski; Pyramiden von Gizeh: Shutterstock/Dan Breckwoldt; Ciudad de las Artes y las Ciencias, Valencia, Spain: Mauritius Images/mauritius images/Alamy/Tony Watson | 146 Einweglabyrinth: akg-images/Jürgen Sorges | 146 Irrgarten: Shutterstock/Alex Pix | 147 M. C. Escher's „Regular Division of the Plane III" © 2015 The M. C. Escher Company-The Netherlands. All rights reserved. www.mcescher.com

www.cornelsen.de

1. Auflage, 8. Druck 2023
Alle Drucke dieser Auflage sind inhaltlich unverändert
und können im Unterricht nebeneinander verwendet werden.

© 2016 Cornelsen Schulverlag GmbH, Berlin
© 2017 Cornelsen Verlag GmbH, Berlin

Das Werk und seine Teile sind urheberrechtlich geschützt.
Jede Nutzung in anderen als den gesetzlich zugelassenen Fällen bedarf der vorherigen schriftlichen Einwilligung des Verlages.
Hinweis zu §§ 60 a, 60 b UrhG: Weder das Werk noch seine Teile dürfen ohne eine solche Einwilligung an Schulen oder in
Unterrichts- und Lehrmedien (§ 60 b Abs. 3 UrhG) vervielfältigt, insbesondere kopiert oder eingescannt, verbreitet oder in ein
Netzwerk eingestellt oder sonst öffentlich zugänglich gemacht oder wiedergegeben werden.
Dies gilt auch für Intranets von Schulen.

Druck: Mohn Media Mohndruck, Gütersloh

ISBN 978-3-06-083714-4 (Schülerbuch)
ISBN 978-3-06-083775-5 (E-Book)

PEFC zertifiziert
Dieses Produkt stammt aus nachhaltig
bewirtschafteten Wäldern und kontrollierten
Quellen.

www.pefc.de

PEFC/04-31-1033